Friedrich Albert Zenker

Beiträge zur normalen und pathologischen Anatomie der Lunge

Friedrich Albert Zenker

Beiträge zur normalen und pathologischen Anatomie der Lunge

ISBN/EAN: 9783743456075

Hergestellt in Europa, USA, Kanada, Australien, Japan

Cover: Foto ©berggeist007 / pixelio.de

Manufactured and distributed by brebook publishing software (www.brebook.com)

Friedrich Albert Zenker

Beiträge zur normalen und pathologischen Anatomie der Lunge

BEITRÄGE

ZUR

NORMALEN UND PATHOLOGISCHEN

ANATOMIE DER LUNGE

VON

DR. F. A. ZENKER,

PROFESSOR DER PATHOLOGISCHEN ANATOMIE UND ALLGEMEINEN PATHOLOGIE AN DER CHIRURGISCH-MEDICINISCHEN ACADEMIE
UND PROSECTOR AM STADT-KRANKENHAUSE ZU DRESDEN.

MIT EINER LITHOGRAPHIRTEN TAFEL.

DRESDEN,
VERLAG VON G. SCHÖNFELD'S BUCHHANDLUNG. C. A. WERNER.
1862.

INHALT.

Vorwort	pag.	1
I. Die Lungencapillaren	»	2
II. Das Epithel der Lungenbläschen	»	10
III. Physiologische Consequenzen . . .	»	16
IV. Die Lungenveränderungen der Herzkranken . .	»	20
V. Fett-Embolie der Lungencapillaren	»	31
Erklärung der Abbildungen	»	33

Vorwort.

Ich behandle in dieser Schrift zunächst zwei Punkte der normalen Histologie der Lunge, welche für Anatomie und Physiologie, nicht minder auch für die Pathologie der Lunge von hohem Interesse sind, nämlich das Verhalten der Lungencapillaren und die Frage nach dem Epithel der Lungenbläschen. Ich bin durch meine Untersuchungen zu Resultaten gelangt, die im Wesentlichen übereinstimmen mit denen einiger früheren Forscher, deren Angaben sich aber theils noch keine allgemeine Anerkennung haben verschaffen können, theils nicht einmal zur Kenntniss der Fachgenossen in weiteren Kreisen gelangt zu sein scheinen. Es bedarf daher wohl keiner Rechtfertigung, wenn ich diese Punkte hier wiederholt und etwas eindringlicher zur Sprache bringe. Ist einmal die Aufmerksamkeit auf den Gegenstand gelenkt, so wird die so wünschenswerthe Uebereinstimmung auch bald zu erzielen sein. Denn in der That darf ich hoffen, dass Jeder, welcher die Sache sorgfältig nachuntersucht, die hier niedergelegten Angaben bestätigt finden wird. Und da das dazu nöthige Untersuchungsmaterial überall leicht beschafft werden kann, wird es ja an Beobachtern nicht fehlen. So wünsche ich denn, dass der im Folgenden gegebene Hinweis auf das, was über unsern Gegenstand schon in der Literatur vorliegt[*], und die Mittheilung meiner eigenen Befunde mit den sich daran knüpfenden Betrachtungen wenigstens etwas beitragen möge, das Interesse für die Sache anzuregen und dieselbe ihrer endlichen Entscheidung zuzuführen.

Daran anknüpfend bespreche ich sodann noch einige pathologische Zustände der Lungen, für deren richtige Deutung die Kenntniss der oben genannten histologischen Verhältnisse von Wichtigkeit ist, nämlich die Lungenveränderungen, welche sich in Folge von Klappenfehlern des Herzens entwickeln. Bei der grossen Bedeutung, welche diese Veränderungen für die Entwickelung und den endlichen Ausgang der genannten Krankheitsprocesse haben, wird, wie ich hoffe, auch dieser Beitrag zur Kenntniss dieser noch in mehrfacher Beziehung der Aufklärung bedürftigen Zustände nicht unwillkommen sein.

---

[*] Den weiter unten im Text angeführten Schriften ist noch eine so eben erschienene Schrift von Deichler (Beitrag zur Histologie des Lungengewebes. Göttingen, Rente. 1861.) beizufügen, die ich erst jetzt, da ich meine Arbeit zum Druck geben will, erhalte und desshalb nicht mehr benutzen kann. Auf den Inhalt derselben noch näher einzugehen, erscheint indessen auch nicht nöthig, da das Wesentliche derselben, insoweit es sich auf die hier besprochenen Fragen bezieht, schon in einem kürzeren Aufsatze desselben Autors enthalten ist, auf welchen ich weiter unten wiederholt Bezug genommen habe. Hier sei daher nur noch erwähnt, dass jener Schrift eine Tafel mit Abbildungen beigegeben ist, welche das Verhalten der Lungencapillaren ganz treu wiedergiebt.

I.

DIE LUNGENCAPILLAREN.

Die Veranlassung, diesen Gegenstand, der schon vor längerer Zeit mein Interesse erregt hatte und von mir kurz berührt worden war, einer ausgedehnteren Untersuchung zu unterwerfen, gab mir eine pathologische Mittheilung von Buhl. Dieser Autor hat bekanntlich kürzlich*) einen in einem Fall von Insufficienz und Stenose der Mitralklappe beobachteten eigenthümlichen Zustand der Lungencapillaren beschrieben und als „Ectasie und Prolongation der Capillargefässe der Lungenbläschen" bezeichnet. „Fast sämmtliche Capillargefässe, welche im normalen Zustande ohne Injection ein kaum zu erkennendes, geradliniges und enggespanntes Maschennetz darstellen, waren nicht nur einfach und varicös erweitert, sondern bildeten Schlingen und Windungen, ja scheinbare oder wirkliche, den Art. helicinae ähnliche Ausbuchtungen und kolbige Ausläufer mit resistenten Wandungen." Buhl erkannte dieses Verhalten daran, dass die Capillaren „über die sonst scharfen Grenzen der elastischen Faserbalken der Alveolen zu beiden Seiten hervorragten, an ihnen wie Beeren an ihrem Stiele hingen und so in die Lungenbläschen, deren auskleidende Membran vor sich herschiebend, hereindrängten und ihren Raum verengerten." Da die betreffenden Lungen die Charaktere der besonders von Hasse und Virchow beschriebenen braunen Pigmentinduration dargeboten hatten, nahm Buhl den beschriebenen Zustand der Lungencapillaren als ein wesentliches Moment zur Erklärung jener interessanten Lungenveränderung in Anspruch, indem er sagt: „Der Grund, warum das Gewebe nicht collabirte, war somit ein rein mechanischer."

Wenn nun schon der Name des Verfassers dafür bürgt, dass diese Angaben auf sorgfältiger und gewissenhafter Beobachtung fussen, so bestätigte auch noch Virchow in einem Zusatz das Thatsächliche nach Untersuchung der Buhl'schen Präparate und nach drei von ihm selbst darauf untersuchten Fällen von brauner Lungeninduration. Gleichwohl werden die folgenden Mittheilungen, indem sie das Thatsächliche in den wesentlichsten Punkten bestätigen, die Sache in einem ganz anderen Lichte erscheinen lassen, und zugleich das Historische der darauf bezüglichen Beobachtungen etwas vervollständigen.

---

*) Virchow's Archiv. XVI. B. pag. 559. 1859.

Das von Buhl beschriebene Verhalten der Lungencapillaren findet sich nämlich (abgesehen von einigen nachher zu besprechenden Punkten) allerdings in jedem Falle von brauner Induration, aber nicht nur da, sondern überhaupt in jeder, sei es kranken oder gesunden Lunge, es ist nichts Krankhaftes, sondern das normale Verhalten der Capillaren der Lungenbläschen, das zwar schon von mehreren Beobachtern gesehen, beschrieben, ja auch abgebildet worden, gleichwohl aber bis jetzt von der grossen Mehrzahl der Autoren völlig ignorirt worden ist, wie denn auch Buhl sagt, dass der beschriebene Zustand seines Wissens bisher nicht gekannt sei.

Die Sache ist in Kurzem die: Die Capillaren der Lungenbläschen verlaufen nicht durchaus, wie früher allgemein angenommen, mitten in dem Fasergewebe der Bläschenwand, noch durch eine dünne Schicht von deren Oberfläche getrennt, sondern sie bilden in allen Alveolen zahlreiche Schlingen, welche über das Niveau der Bläschenwand hervortretend völlig frei in das Lumen der Alveolen hineinragen.

Die ersten Angaben über diesen so merkwürdigen Verlauf der Lungencapillaren hat Rainey gemacht. Schon in seinem Aufsatz von 1845*) findet sich eine darauf bezügliche Andeutung, die indessen erst durch seine späteren Mittheilungen verständlich wird. Dagegen sind die in seinen späteren Arbeiten von 1848 und 1855**) enthaltenen Angaben, obwohl nur kurz (da sie mehr beiläufig gemacht werden), doch völlig verständlich und unzweideutig. So sagt er im Eingang seiner Arbeit von 1848 (a. a. O. pag. 48): „I have frequently seen the curve formed by a capillary projecting beyond the free border of the pulmonary membrane, where it forms a communication with an adjoining cell, presenting so much the appearance of a delicate epithelium that, had I not more than once seen a vessel in a similar situation in the injected lung, I might have mistaken it for a portion of epithelium lining an air-cell." Und in dem Aufsatze von 1855 (a. a. O. pag. 498) heisst es: „those capillaries whose arched inosculations can be seen projecting beyond the circular free border of the pulmonary membrane, where it forms the openings of communication between the air cells." Auch Todd und Bowman haben, wie Deichler angiebt, in ihrer Physiological Anatomy ähnliche Vorsprünge von Capillargefässen beschrieben. Da die Arbeiten dieser englischen Autoren auch in Deutschland gekannt und, wie sie es verdienen, geschätzt sind, so muss es in der That auffallen, dass ihre Angaben über das in Rede stehende physiologisch so bedeutsame Verhalten der Lungencapillaren bei uns lange Zeit gar keine Beachtung gefunden haben. Es erklärt sich dies wohl nur daraus, dass Rainey jene Angaben nur beiläufig machte, indem er auf jene vorspringenden Capillarschlingen als auf eine der Fehlerquellen hinwies, auf welche sich die Annahme eines Epithels der Lungenbläschen stützt, und dass er deshalb dies Verhalten gegenüber den geläufigen Vorstellungen davon nicht genügend urgirt hat.

---

*) Med. chir. transactions. Vol. XXVIII. 1845. On the minute structure of the lungs and on the formation of pulmonary tubercle.

**) Med. chir. transactions. Vol. XXXII. 1849. (On the minute anatomy of the lung of the bird.) Init. and for. med. chir. Review. Vol. XVI. 1855. (Critical examination of the evidence for and against the presence of Epithelium in the Air Cells of the human lung.)

Erst im Jahre 1854 hat Ecker*), ohne Bezugnahme auf Rainey's Angaben, dasselbe Verhalten der Lungencapillaren kurz und treffend geschildert und durch eine sehr naturgetreue Abbildung veranschaulicht. Bei Erklärung dieser Abbildung, welche der Lunge eines ¾ Jahr alten Kindes, deren Lungenarterien und Bronchien mit Leim injicirt waren, entnommen ist, sagt er: „Bei e sind die Capillaren der Lungenzellen sichtbar, die auf einem solchen Durchschnitt auf die verschiedenste Art, oft wie Schlinggewächse an den Balken hinkletternd, verlaufen . . . . . . Die Capillaren sind sehr dünnwandig und ragen, wenn sie gefüllt sind, wie bei e' in die Höhle der Bläschen herein."

Kurz darauf (1855) habe ich**) in einer kritischen Anzeige dieser Lieferung der Icones physiologicae auf das Abweichende der Ecker'schen Darstellung von der bisherigen allgemeinen Annahme, und auf die Wichtigkeit des beschriebenen Verhaltens hingewiesen, zugleich aber auf Grund eigner Untersuchung dasselbe bestätigt. Nach Mittheilung der Ecker'schen Beschreibung sagte ich dort: „Ich kann bestätigend hinzufügen, dass diese Anordnung der Capillaren auch ohne künstliche Präparation an hyperämischen Lungentheilen wahrgenommen werden kann. Ich fand dieselbe nämlich kürzlich in der von zahlreichen einfachen lobulären Hyperämieen durchsetzten Lunge eines in Folge hochgradiger Stenose des linken Ostium venosum gestorbenen Mannes. Ueberall sah man auf den Durchschnitten der hyperämischen Läppchen am Rande der durchschnittenen Bläschen die Umbiegungsstellen der mit Blut gefüllten und gleichmässig erweiterten Capillaren frei in das Lumen der Bläschen vorragen, ganz in der von Ecker abgebildeten Weise. Der weitere Verlauf dieser Capillaren war an manchen Stellen mit voller Deutlichkeit wahrzunehmen."

Aber auch diese Angaben sind ganz unbeachtet geblieben. So hat Kölliker durch alle Auflagen seiner Gewebelehre bis in die neueste Zeit lediglich seine ältere Darstellung beibehalten, wonach das Capillarnetz der Lungenbläschen „eines der engsten Netze ist, die es nur giebt, das in der Wand der Lungenbläschen, ungefähr 0,001‴ vom Epithelium entfernt, mitten durch das Fasergewebe derselben verläuft." Die abweichenden Angaben Rainey's und Ecker's werden gar nicht erwähnt, was, besonders mit Rücksicht auf die frappante und mit einer klaren Erläuterung begleitete Abbildung Ecker's, gewiss auffällig ist. Wahrhaft unbegreiflich aber ist das Verfahren von Frey***), welcher eine Copie der Ecker'schen Abbildung abdrucken lässt und gleichwohl im Text von der in der Abbildung so in die Augen springenden Eigenthümlichkeit des Verlaufs der Capillaren gar nichts erwähnt, vielmehr (pag. 502) eine Beschreibung von dem Verhalten der Capillaren zur Bläschenwand giebt, welcher jene Abbildung direkt widerspricht. Nur in der durch ihre allseitige Gediegenheit so ausgezeichneten Physiologie von Donders†) finde ich die Angaben von Rainey und von Todd und Bowman (nicht aber die Ecker's) über die nackte Lagerung der Capillaren in den Alveolen erwähnt,

---

*) Icones physiologicae. Dritte Lieferung. Taf. X. Fig. 1. 1854.
**) Schmidt's Jahrbücher. 1855. Februarheft. Bd. 85. pag. 246.
***) Histologie und Histochemie des Menschen. Leipzig. 1859. pag. 500.
†) Donders, Physiologie des Menschen, übers. von Theile. I. Bd. Leipzig. 1856. pag. 351.

aber nicht acceptirt, indem Donders vielmehr die entgegenstehende Meinung Schröder van der Kolk's beifügt und sich dieser weiterhin (pag. 369) anschliesst.

Bei diesem Verhalten der Vertreter der normalen Anatomie und Physiologie kann es den pathologischen Anatomen gewiss nicht zum Vorwurf gereichen, wenn ihnen die in Rede stehende Anordnung der Lungencapillaren bis in die neueste Zeit unbekannt blieb. Und so konnte es kommen, dass Buhl einen Zustand, der in jeder gesunden Lunge sich mit Leichtigkeit nachweisen lässt, als eine höchst bedeutende pathologische Veränderung beschrieb und durch dieselbe einen in seinen Bedingungen bisher nur unvollständig erkannten krankhaften Zustand der Lunge genügend erklären zu können glaubte. Offenbar war der Fall, in welchem ich meine oben citirte Beobachtung gemacht hatte, ein dem von Buhl beschriebenen ganz gleichartiger. Wenn ich aber damals, im Hinblick auf die mir vorliegende Abbildung und Beschreibung Ecker's, gar nicht in die Lage kommen konnte, den dort gesehenen eigenthümlichen Verlauf der Capillaren für einen krankhaften Zustand zu halten, so nahm ich doch jetzt von der Buhl'schen Deutung des Befundes Veranlassung, die Sache einer erneuten, ausgedehnten Prüfung zu unterwerfen. Die Untersuchung einer grossen Anzahl theils gesunder, theils in der verschiedensten Weise erkrankter Lungen (darunter auch Fälle von brauner Pigmentinduration) gab mir die vollste Ueberzeugung, dass dieser Verlauf der Capillaren ein durchaus regelmässiger, nie fehlender Zustand sei, dass auch bei ausgebildeter brauner Pigmentinduration nichts Andres an den Capillaren zu finden sei, als eine gleichmässige Ectasie, wie sie in gleicher Weise und in gleichem Grade bei jeder wie immer bedingten hochgradigen Lungenhyperämie vorhanden ist, und machte mir es daher im höchsten Grade wahrscheinlich, dass auch der Buhl'sche Fall nur so zu deuten sei. Ich theilte diese Ergebnisse unter Vorlegung von Präparaten am 26. Nov. 1859 der hiesigen Gesellschaft für Natur- und Heilkunde mit*).

Seitdem hat endlich auch Deichler in einer sorgfältigen Arbeit über das Epithel der Lungenbläschen**) nach eignen Untersuchungen das Verhalten der Lungencapillaren völlig naturgetreu beschrieben und dabei auf die Angaben von Rainey und von Todd und Bowman verwiesen, während er die Ecker'sche Abbildung auch nicht zu kennen scheint. Indessen wird es, zumal auch Deichler über die Lungencapillaren mehr nur beiläufig spricht, doch nicht überflüssig sein, wenn ich hier auf die Resultate meiner bis in die neueste Zeit fortgesetzten Untersuchungen über diesen Gegenstand noch etwas näher eingehe.

Es bedarf zum Nachweis des Verhaltens der Capillaren, wie ich schon früher angab, gar keiner vorläufigen künstlichen Präparation der Lunge. Aus jeder wie immer beschaffenen frischen Lunge lassen sich geeignete Objecte gewinnen. Natürlich wird man zunächst, um recht überzeugende und in der That häufig brillante Bilder zu erhalten, blutreichere Stellen auswählen müssen. Kennt man aber die Sache einmal, so wird man selbst in den blutärmsten Lungen die vorspringenden Capillarschlingen leicht wahrnehmen, wie ich mich noch kürzlich in einem Falle hochgradigster Anämie in Folge

---
*) Vgl. Jahresberichte für 1858—60 von der Ges. für Natur- und Heilkunde in Dresden. 1861. pag. 46.
**) Zeitschrift für ration. Medicin. 3. Reihe. X. Bd. pag. 195. 1860.

äusserer Blutung überzeugte. Das einfache Verfahren, welches mich stets zum Ziel führt, ist folgendes: Ich mache mit dem Doppelmesser von einer frischen Schnittfläche aus einen feinen Durchschnitt*), der einen Ueberblick über zahlreiche Gruppen von Alveolen gewährt; derselbe wird mit möglichst wenig Zerrung auf dem Objectglas ausgebreitet, dann mit einigen Tropfen Salzwasser abgespült, um das bei dem Schnitt extravasirte Blut zu entfernen und dann mit Salzwasser befeuchtet ohne Deckglas (da durch dessen Druck die Capillaren zum Theil entleert werden) erst bei schwächerer (etwa 80facher), dann stärkerer (etwa 250facher) Vergrösserung untersucht. Hat man es mit einem irgend stärker hyperämischen Gewebe zu thun, so wird man die Capillaren meist in grossen Strecken mit der schönsten natürlichen Injection finden. Man sieht die dichten Capillarnetze der Alveolen mit ihren engen meist sehr unregelmässigen Maschen und kann ihre Faltungen, indem sie sich von einem Alveolus zum andern begeben, sehr schön verfolgen. Vor Allem aber fällt sofort das eigenthümliche Verhalten der Alveolenränder in die Augen. Ueberall ist ihr scharfer Rand überragt von rothen knopfförmigen Vorsprüngen, die man bei so vollständiger Injection sofort als Capillarschlingen erkennt, welche mit bogenförmigem Verlauf aus den Grenzen des Fasergewebes heraustretend ganz frei in das Lumen des Bläschens hineinragen (Fig. 1, 2, 3) und gewöhnlich mit scharfer Umbiegung sofort wieder in das Fasergewebe zurücktreten, bisweilen aber auch ein Stück gradlinig am Alveolarrand hinlaufen, um erst dann wieder in das Fasergewebe unterzutauchen. Häufig aber sieht man die dünneren Faserbalken in der Weise von den Capillaren umrankt, dass dasselbe Gefäss, nachdem es eine vorspringende Schlinge in einen Alveolus gebildet hat, sofort mit einer zweiten Schlinge in einen benachbarten Alveolus hineinragt (Fig. 2). Die Beschreibung Ecker's, nach welcher die Capillaren „oft wie Schlinggewächse an den Balken hinklettern", ist danach eine äusserst treffende, wie denn auch auf seiner Abbildung dies Verhältniss sehr naturgetreu veranschaulicht ist. Der Grad der Vorragung der Schlingen ist sehr verschieden. Bald ragt nur ein ganz kleines Segment über den Rand vor, bald beträgt die Vorragung etwa den halben Durchmesser des Gefässes, oder endlich es tritt die Capillare mit ihrem ganzen Umfang in den Alveolarraum hinein, so dass nur der concave Rand der Schlinge noch den Alveolarrand berührt. In letzterem Falle, besonders bei sehr scharfen Umbiegungen und wenn die Schlinge so liegt, dass sich ihre beiden Schenkel bei der Beobachtung decken, hat es auf den ersten Anblick oft täuschend den Anschein, als sei die vorragende Schlinge vielmehr eine seitliche Ausbuchtung eines zwischen den Fasern gestreckt verlaufen-

---

*) Ich habe in neuerer Zeit öfter erfahren, dass das Doppelmesser bei vielen Anatomen in Misscredit steht. Man meint, eine geübte Hand könne mit dem Rasirmesser gleich schöne, ja schönere Schnitte fertigen. Dies ist für härtere Gewebe gewiss richtig. Und die in neuerer Zeit so häufig gewordene Anwendung künstlicher Erhärtungsmethoden mag wesentlich dazu beigetragen haben, das Doppelmesser entbehrlich erscheinen zu lassen. Indessen kann die Untersuchung erhärteter Gewebe die der frischen Organe (zumal bei pathologischen Untersuchungen) doch nie entbehrlich machen. Und bei sehr weichen Geweben, wie bei der lufthaltigen Lunge, sehr erweichten Lebern, sehr schlaffen Geschwülsten u. s. w. ist es geradezu unmöglich, mit dem Rasirmesser feine Schnitte von einiger Ausdehnung zu erlangen, während es mit dem Doppelmesser bei einiger Uebung sehr leicht gelingt, die feinsten, ganz gleichmässigen und grossen Schnitte zu gewinnen. Bei härteren Geweben ist es zwar entbehrlicher, aber nicht minder brauchbar und bequem. Ich bediene mich eines vom hiesigen Instrumentmacher Klopfleisch gefertigten Doppelmessers, dessen Klingen denen des Harting'schen Doppelmessers ähnlich sind, während die übrige Construction bis auf eine kleine Modification der des Valentin'schen gleicht. Vgl. Harting, das Microscop. pag. 364.

den Gefässes. Aber eine genauere Beobachtung, besonders eine Verfolgung des Gefässverlaufs mittelst Veränderung der Focaleinstellung wird immer über den wahren Sachverhalt aufklären. Natürlich hängt der Grad der Vorragung auch sehr wesentlich von dem Grad der Füllung der Capillaren ab; indessen findet man doch auch in keineswegs sehr blutreichen Gewebspartheien recht stark vorspringende Schlingen, und selbst bei ganz blutleeren Capillaren wird man die Vorragungen, wenn man sich nur einmal mit dem Ansehen vertraut gemacht hat, nie ganz vermissen.

Die Zahl der vorspringenden Capillarschlingen ist, wie auch Deichler richtig angiebt, in den verschiedenen Alveolen eine sehr verschiedene. Nur selten wird man einen Alveolardurchschnitt finden, der gar keine zeigt, bisweilen findet sich aber nur eine oder wenige, meist sind sie viel zahlreicher und nicht selten stehen sie so dicht, dass fast gar nichts von den scharfen Alveolarrand zu sehen ist. Dass aber diese Capillarvorsprünge sich nicht nur an den Mündungen der Alveolen finden, sondern auch an dem übrigen Theil der Bläschenwand vorhanden sind, lässt sich zwar durch unmittelbare Beobachtung viel schwerer nachweisen, da man von diesen Theilen keine so reinen Profilansichten erlangen kann, vielmehr die Capillarnetze hier meist von der Fläche sieht. Doch lässt sich ihr Vorhandensein daraus erschliessen, dass, wie sich an solchen Flächenansichten deutlich nachweisen lässt, die Capillaren eines ganz einfachen Capillarnetzes nicht durchaus in gleichem Niveau liegen.

Dass diese Capillarvorsprünge von manchen Autoren als Epithelzellen der Lungenbläschen gedeutet und beschrieben worden sind, hat Rainey in überzeugender Weise dargethan. Und in der That ist ein solcher Irrthum um so näher gelegt, je mehr der beschriebene Capillarverlauf von Allem abweicht, was wir an andern Organen kennen und was auch für die Lungen bisher als feststehender Lehrsatz galt. Bei Injection der Capillaren ist indess der wahre Sachverhalt bei einiger Aufmerksamkeit nicht zu verkennen. Doch hierauf kommen wir noch weiter unten zu sprechen. Aber auch Buhl hat in dem von ihm beschriebenen Fall aller Wahrscheinlichkeit nur dies normale Verhalten vor sich gehabt. Beweisen wird sich dies natürlich nur auf Grund erneuter Untersuchung der Buhl'schen Präparate lassen, da die danach gefertigten Holzschnitte (a. a. O.) ein zu wenig klares Bild geben, um ein sicheres Urtheil darauf zu gründen. Da aber Buhl, wie aus seiner Darstellung hervorgeht, das beschriebene normale Verhalten der Lungencapillaren nicht kannte, wo dann eine irrige Deutung kaum zu vermeiden war, da wir die von ihm hauptsächlich betonte Erscheinung (das Vorragen der Capillaren über die Grenzen der Alveolen) als eine ganz normale kennen gelernt haben, da mich endlich die Untersuchung einer nicht unbeträchtlichen Anzahl von im Zustand der braunen Induration befindlichen Lungen gelehrt hat, dass wenigstens in der grossen Mehrzahl der Fälle die Capillaren nichts Abnormes zeigen, als eine keineswegs sehr erhebliche gleichmässige Dilatation (vgl. Fig. 3), so kann ich in der That nicht daran zweifeln, dass hier nur eine Täuschung vorliegt.

Eine weitere Frage von grossem Interesse ist nun noch die, ob diese Capillarvorsprünge nach der Höhle des Alveolus hin noch von einer structurlosen Haut, einer basement membrane überzogen sind oder nicht. Rainey, welcher früher eine dünne fasrige auskleidende Membran der Alveolen annahm, läugnet später wenigstens für die

Vogellunge jeden membranösen Ueberzug der Capillaren und scheint einen solchen auch an den Capillarvorsprüngen der Menschen- und Säugethierlunge nicht anzunehmen. Todd und Bowman stimmen ihm darin bei.*) Auch Ecker sagt, dass die Capillaren „nackt der Luft exponirt" seien und seine Abbildung lässt nichts von einer die Capillarschlingen überziehenden Haut wahrnehmen. Und Deichler spricht sich ebenso dahin aus, „dass die Capillargefässe frei und ohne deckende Hülle in die Höhlung der Lungenbläschen hineinschauen." Dem gegenüber stehen die Angaben von Schröder van der Kolk, welcher bei Säugethieren auf Querschnitten ganz deutlich ein dünnes überkleidendes Häutchen auf beiden Seiten der injicirten Blutgefässe gesehen haben will,**) und von Buhl, welcher die Capillarschlingen „die auskleidende Membran der Lungenbläschen vor sich herschieben" lässt und in Fig. 2 eine sehr dicke überkleidende Membran abbildet.

Ich muss mich nach einer bei allen meinen Untersuchungen immer wiederholten sorgfältigen Prüfung dieses Punktes auf das Bestimmteste für die erstere Ansicht, also für die Nicht-Existenz einer die vorspringenden Capillarschlingen noch überkleidenden Membran aussprechen, wie ich denn gleich Kölliker in den Lungenalveolen überhaupt von einer basement membrane nichts wahrnehmen kann. Immer sieht man, wie theils die Capillarwand, theils die elastischen Fasern die unmittelbare Begrenzung des Alveolarraums bilden, und zwar in ganz gleicher Weise in gesunden Lungen, wie bei der braunen Pigmentinduration. Gerade die Capillarvorsprünge, besonders die mehr gestreckt am Alveolarrande verlaufenden, können, wenn sie blutleer sind, wohl hie und da eine homogene basement membrane vorgetäuscht haben.

Fassen wir die bisher besprochenen Eigenthümlichkeiten im Bau der Lungenbläschen schärfer ins Auge, so werden wir dadurch zu einer von der bisher geläufigen nicht unwesentlich abweichenden Auffassung über den Bau des eigentlich respirirenden Theils des Lungengewebes geführt. Der geläufigen Anschauung nach bilden das Hauptconstituens des Lungengewebes die feinsten Verzweigungen der Bronchien mit ihren Endigungen, den Lungenbläschen, d. h. Röhren und Bläschen, deren Wand der Hauptsache nach durch eine von elastischen Fasern mehr oder weniger dicht durchzogene bindegewebige Substanz gebildet wird. Alles Uebrige, und so insbesondere auch die Blutgefässe, wird nur als Accidens betrachtet. Man lässt die Capillaren, je nach der Vorstellung, welche man von dem Bau der Bläschenwand hat, entweder dieselbe mehr äusserlich umspinnen (wenn man den Bläschen eine membrana propria zuschreibt), oder man lässt (wenn man eine solche läugnet) die Capillaren innerhalb des elastischen Gewebes, rings von demselben umschlossen, also in den Lücken desselben verlaufen, so dass man in beiden Fällen, wenn auch nicht vom physiologischen, so doch vom idealanatomischen Standpunkte, die Capillaren recht wohl hinweg denken kann, ohne dass dadurch die Integrität, die Continuität der Bläschenwand aufgehoben würde. Kurz man denkt sich die Lungenbläschen als von den Capillaren (anatomisch) unabhängige, selbstständige Bildungen, wenn man sie auch nicht als solche wirklich darstellen kann, und

---

*) Vgl. Donders, a. a. O. pag. 354.
**) Vgl. Donders, ibidem.

hat sie in der That als solche ohne Berücksichtigung der Gefässe oft genug schematisch abgebildet. Man gewinnt so (wenigstens bei der ersten der oben genannten Anschauungsweisen) eine in gewisser Richtung vollständige Analogie mit dem Bau anderer Drüsen, z. B. der Niere, in der man ja in der That die Drüsenröhren mit Leichtigkeit von ihren Gefässen trennen und als selbstständige Gebilde nachweisen kann.

Das Irrige dieser Auffassungsweise ergiebt sich, abgesehen von der an und für sich nicht beweisenden Unmöglichkeit die Lungenbläschen in ähnlicher Weise zu isoliren, aus den obigen Erörterungen über das Verhalten der Capillaren zur Bläschenwand und über den Mangel einer Membrana propria. Danach bilden das Hauptconstituens der Bläschenwand die Capillarnetze, die so gefaltet sind, dass sie Hohlräume (die Alveolarräume) umschliessen. Die Capillaren verlaufen nicht mitten in dem Fasergewebe. Sondern die elastischen Faserzüge (die ja ohnehin nur an gewissen Stellen, besonders den Mündungen der Alveolen, stärker entwickelt sind) ziehen umgekehrt zwischen den Capillaren hindurch, indem sie von denselben mit zahlreichen Schlingen überragt, ja geradezu umsponnen werden. Die an sich schon sehr geringe homogene Bindegewebsmasse aber, welche in die Zusammensetzung der Bläschenwand eingeht, bildet keineswegs eine zusammenhängende Membran, welche die Blutgefässe trägt, sondern nur die Ausfüllungsmasse der Maschenräume des Capillarnetzes und dient somit nur zur gegenseitigen Abgrenzung der Lufträume benachbarter Alveolen und Alveolargruppen. Sie trägt nicht die Gefässe, sondern sie wird von den Gefässen getragen. Versucht man es danach, sich die Capillaren aus der Bläschenwand hinwegzudenken, so erhält man nicht einmal eine, wenn auch vielfach durchlöcherte, doch noch zusammenhängende Bläschenwand, sondern man hebt damit die Continuität der Bläschenwand geradezu auf, man behält nur die ja keine geschlossene Membran bildenden elastischen Faserzüge und die nach Wegfall der Gefässe als isolirte Plättchen aus einander fallenden Ausfüllungsmassen der Capillarmaschen. Eine Lungenbläschenwand ohne Capillaren lässt sich also nicht nur nicht darstellen, sondern nicht einmal denken.*)

Vielleicht werden die letzteren Betrachtungen Manchem auf den ersten Anblick auf eine blosse Spitzfindigkeit hinauszulaufen scheinen. Indessen sind sie doch mehr als dies. Denn abgesehen von dem Vorzug, den schon an und für sich eine sich streng an das thatsächlich Nachweisbare haltende Vorstellung vor einer mehr auf Analogieen gestützten hat, gewährt der durch jene Betrachtungen gewonnene Standpunkt auch sehr befriedigende Gesichtspunkte in vergleichend anatomischer, wie in physiologischer Beziehung. Indem ich das in letzterer Beziehung zu Sagende auf eine spätere Stelle verweise, will ich hier nur in vergleichend anatomischer Hinsicht darauf hinweisen, dass erst von diesem Standpunkt aus die Lungen der Vögel und der Säugethiere eine principielle Uebereinstimmung ihres Baues in Wahrheit erkennen lassen. Bekanntlich bestehen die Endigungen der Luftwege in der Vogellunge nicht aus geschlossenen Alveolen, wie in der Säugethierlunge. Sondern die feinsten Luftkanäle lösen sich, wie besonders Rainey (a. a. O.) sehr klar geschildert hat, in ein dichtes schwammiges Gewebe auf,

---

*) Mit Recht sagt Ludwig (Lehrb. d. Physiologie. II. B. pag. 327. 1856): Die Bläschenwandungen „sind durchzogen, man könnte sagen gebildet, von einem dichten Blutgefässnetze."

dessen Maschen durch die in allen Richtungen anastomosirenden Capillaren gebildet werden und in welchem auch die überaus engen Lufträume (der Durchmesser der Areolen ist nach Rainey meist kleiner, als der der Capillaren, circa $\frac{1}{6000}$ engl. Zoll == 0,0012 P. L.) in allen Richtungen unter einander communiciren.*) Wenn man nun behufs einer richtigen Auffassung des Baues der Säugethierlunge das Hauptgewicht auf die mit einer besonderen fasrigen Membran begabten geschlossenen Alveolengruppen legt, wie besonders diejenigen thun müssen, welche (wie in neuerer Zeit vor Allem Kölliker) die Analogie des Baues der Lunge mit dem der traubenförmigen Drüsen urgiren, so tritt die Vogellunge in einen principiellen Gegensatz zur Säugethierlunge, da die erstere eben jene für diese Auffassung bestimmenden Structurtheile (die geschlossenen Alveolengruppen) entbehrt, mithin gar keine Analogie mit den traubenförmigen Drüsen darbietet. Denn wenn manche Autoren, wie z. B. Leydig**), die feinsten Lufträume der Vogellunge den Endbläschen der Säugethierlunge vergleichen, so erscheint dies etwas willkührlich, da diese feinsten Areolen als nach allen Seiten offene Hohlräume mit den geschlossenen Alveolen gar nichts gemein haben und viel eher den einzelnen Capillargefässmaschen der Säugethierlunge analog sind.

Lassen wir dagegen die Analogie mit den traubenförmigen Drüsen ganz fallen, legen wir, nach der oben erörterten Auffassung, das Hauptgewicht auf die der Luft exponirten Capillarnetze, als die für die Function wesentlichsten Theile, so gewinnen wir eine principielle Uebereinstimmung des Baues der Lungen bei Vögeln, Säugethieren und Amphibien. Die für die einzelnen Thierclassen wesentlichen unterscheidenden Eigenthümlichkeiten, die sich vorzüglich auf die verschiedene Form, Vertheilung und Endigung der Lufträume beziehen, erscheinen dann als Momente von secundärer Bedeutung, welche das durch die Function gegebene Princip des Baues nicht alteriren, sondern nur eine durch die grössere oder geringere Lebhaftigkeit der Athmung bedingte graduelle Verschiedenheit repräsentiren.

Ehe wir hieran noch einige physiologische Betrachtungen anknüpfen, müssen wir zuvor noch einen andern wichtigen Punkt der Anatomie der Lungenbläschen, über den noch immer keine Uebereinstimmung herrscht, erörtern, ich meine die Frage über die Existenz eines Epithels in denselben.

II.

DAS EPITHEL DER LUNGENBLÄSCHEN.

Die Frage nach der Existenz eines Epithels in den Lungenbläschen erhält durch den Nachweis der in den Alveolarraum frei vorspringenden Capillarschlingen eine erhöhte

*) „The capillaries, instead of being connected together by a membrane, and placed several of them upon the same plane, and these planes of vessels so disposed towards one another as to divide the interior of the lung into square or polyhedral spaces, form by their frequent anastomoses upon different planes, and without any membrane connecting them excepting those capillaries which are situated nearest to the surface of the lobules, a kind of dense solid plexus, with no other separation between its vessels than the open areolae or meshes of the plexus, which communicate freely through the whole of a lobule." Rainey, med. chir. transact. vol. XXXII.
**) Lehrbuch der Histologie des Menschen und der Thiere. Frankfurt 1857. pag. 372.

Bedeutung. Handelt es sich jetzt doch darum, ob diese Capillaren nun wirklich ganz nackt der Luft exponirt, oder noch durch eine Epitheliallage davon geschieden sind! Hierdurch veranlasst habe ich daher auch meinerseits diese Frage einer erneuten sorgfältigen Prüfung unterworfen.

Nachdem man von der früheren Annahme eines Flimmerepithels in den Lungenbläschen allgemein zurückgekommen ist, haben sich die Ansichten der Autoren in neuester Zeit bekanntlich in drei Richtungen gespalten. Nach den Einen sollen die Alveolen von einem vollständigen Pflasterepithel ausgekleidet sein (Adriani, Schröder van der Kolk, Williams, Radelyffe Hall, besonders aber Kölliker und Moleschott). Ihnen gegenüber läugnen Andre die Existenz eines Epithels in den Lungenbläschen ganz und gar (Rainey, Todd und Bowman, Mandl, Deichler). Eine vermittelnde Stellung zwischen beiden nehmen die ein, welche ein unvollkommenes, aus nicht ganz an einander anschliessenden Zellen bestehendes Epithel statuiren (Ecker, Donders).

Ich muss mich nach zahlreichen an menschlichen und thierischen Lungen in verschiedener Weise angestellten Untersuchungen entschieden für die zweite der genannten Ansichten aussprechen: Die Innenfläche der Lungenalveolen ist im normalen Zustande von keinem Epithel ausgekleidet.

Diese Ansicht ist zuerst von Rainey (1845) aufgestellt und in mehreren Aufsätzen (a. a. O.) mit Eifer und grosser Klarheit und Gründlichkeit gegenüber den bis in die neueste Zeit reichenden gegentheiligen Angaben Anderer vertheidigt worden. Todd und Bowman (deren Werk mir leider nicht zur Hand ist)*) stimmen ihm bei. Auch Mandl**) und Deichler (a. a. O.) läugnen das Epithel auf Grund eigner nach gleicher Methode angestellter Untersuchungen. Aber schon Rainey hat darauf hingewiesen, wie schwierig es sei, eine solche negative Angabe gegenüber von bestimmten positiven Behauptungen, zumal wenn diese von bewährten Autoritäten ausgehen, zur Geltung zu bringen. Stösst ja doch eine einzige positive Angabe, wenn ihr die volle Glaubwürdigkeit nicht abgesprochen werden kann, alle negativen Angaben um!

Man darf sich daher nicht mit der einfachen Negation begnügen. Es gilt zunächst zu zeigen, warum den gegentheiligen Angaben keine beweisende Kraft zugeschrieben werden kann. Es gilt ferner, die Negation auf Untersuchungsmethoden zu stützen, welche, indem sie bei der nöthigen Sorgfalt die Möglichkeit eines Irrthums ganz oder doch nahezu ausschliessen, den negativen Angaben den Werth von positiven verleihen. Zur Unterstützung der so gewonnenen Ansicht können dann noch Gründe mehr indirecter Art (der vergleichenden Anatomie, der Physiologie entnommen) herbeigezogen werden.

Wenn nun auch die Frage in diesen verschiedenen Richtungen schon mehrfach, besonders von Rainey, zum Theil auch von Deichler, gründlich besprochen worden ist, so wird doch eine erneute Erörterung nicht überflüssig sein, da bei der physiologischen Wichtigkeit der Sache eine Verständigung sehr wünschenswerth ist, die von jenen Autoren angegebenen Gründe aber noch keineswegs die verdiente Beachtung gefunden haben.

---
*) Physiolog. Anatomy. P. IV. p. 393. (nach dem Citat von Donders).
**) Gaz. hebdom. IV. 23 u. 25. 1857. (Schmidt's Jahrb. Bd. 96 pag. 11).

Wenden wir uns zunächst zur ersten der oben gestellten Aufgaben, zur Kritik der Beweiskraft der Angaben, welche die Existenz eines Alveolarepithels behaupten:

Die einzige für die Existenz eines Epithels in den Alveolen angeführte Thatsache, welche von allen Seiten anerkannt wird und bei der sich nur über die richtige Deutung streiten lässt, ist die, dass man bei der Untersuchung feiner Lungendurchschnitte stets mehr oder weniger zahlreiche Pflasterepithelien theils in der Umgebung des Schnittes, theils in den durchschnittenen Alveolen frei liegend findet, dass also unzweifelhaft ein Pflasterepithel einen regelmässigen Bestandtheil des Lungengewebes bildet. So lange man nun annahm, dass die Bronchien bis an die Grenzen der Alveolen mit Flimmerepithel ausgekleidet seien, blieb nichts Andres übrig, als den Sitz jenes Pflasterepithels in die Alveolen zu verlegen. Diese Beweisführung fällt aber mit dem Nachweis, dass die feinsten Bronchialenden nicht mit Flimmerepithel, sondern mit Pflasterepithel ausgekleidet sind. Dass dies der Fall sei, hat wohl zuerst B. Reinhardt in seiner Arbeit „über die Entstehung der Körnchenzellen"*) angegeben. Er fand in den kleineren Bronchialverzweigungen bei grösseren Säugethieren, besonders der Kuh ein sogenanntes Uebergangsepithelium. „Die feinsten Bronchien aber, sowie die Lungenzellen sind mit einem Pflasterepithelium bekleidet." In gleichem Sinne spricht sich mit Bezugnahme auf Reinhardt's Angabe Gerlach**) aus. Indessen scheinen diese Angaben wenig Beachtung gefunden zu haben. Kölliker spricht durch alle Auflagen seiner Gewebelehre nur von einem Flimmerepithel in den Bronchien und diese Ansicht dürfte noch jetzt bei weitem die verbreitetste sein. Erst in neuester Zeit hat die erstere Ansicht wieder Vertreter gefunden. So scheint wenigstens Mandl (a. a. O.) in den feinsten Bronchien ein Pflasterepithel anzunehmen, indem er die Annahme eines Epithels in den Lungenbläschen auf eine Verwechselung mit dem Epithel der feinsten Bronchien zurückführen zu können glaubt. Und Deichler (a. a. O.) hat diese Ansicht auf Grund sorgfältiger Untersuchungen ausführlicher entwickelt. Nach ihm zeigen die capillären Bronchien ein vollkommenes einschichtiges Pflasterepithelium, dessen Zellen dann da, wo die Bronchien in die Alveolen übergehen, rarer werden und nicht mehr eine an der andern anliegen. Ich habe diese Angabe bei meinen Untersuchungen an frischen Säugethierlungen und getrockneten menschlichen Lungen bestätigt gefunden. Ich sah öfter quer oder schräg durchschnittene feinste Bronchien mit einem ganz regelmässigen, in situ befindlichen Pflasterepithel. Bei flüchtiger Besichtigung ist es ganz wohl möglich, solche Durchschnitte für Alveolenmündungen zu halten. Aber bei genauerer Betrachtung kann man gewöhnlich von dem Durchschnitt aus den Bronchialzweig eine Strecke weit verfolgen und auch hier sein Epithel noch in der Lage sehen. Oder es liegen in der unmittelbaren Umgebung jenes Durchschnitts grosse Mengen von Pflasterepithelialzellen theils isolirt, theils noch in so grossen Strecken zusammenhängend, dass ihre Flächenausdehnung die eines Alveolus weit übersteigt, sie somit keinesfalls aus einem solchen, sondern nur aus einem Bronchus stammen können.

Die auf mikroskopischen Lungenpräparaten isolirt vorfindlichen Pflasterepithelien können also nicht mehr als ein Beweis für ein Alveolen-Epithel angezogen werden.

---
*) Archiv für patholog. Anat. u. Phys. I. Bd. 1847. pag. 45. 46.
**) Handbuch der Gewebelehre. 1850. pag. 248.

Denn dass die Lagerung eines Theils dieser Zellen in den Alveolardurchschnitten an und für sich gar nichts beweist, versteht sich von selbst. Nur der Nachweis des Epithels in situ an der Innenfläche der Alveolarwand könnte hier etwas beweisen. Diesen Nachweis glauben nun allerdings verschiedene Autoren geliefert zu haben. Aber Rainey (a. a. O.) hat mit scharfer Kritik gezeigt, warum diesen Angaben keine volle Glaubwürdigkeit zugeschrieben werden kann. Er hat zunächst darauf hingewiesen, dass die Beschreibungen und Abbildungen dieses Epithels von Seiten der verschiedenen Autoren (Kölliker auf der einen, Schröder van der Kolk, R. Hall u. s. w. auf der andern Seite) in so auffälliger Weise von einander abweichen, dass sie sich unmöglich auf dasselbe Object beziehen können. Will man den Einen Glauben schenken, so muss man die Andern des Irrthums zeihen. Die verschiedenen Angaben unterstützen sich also keineswegs gegenseitig. Er hat aber weiter mehrere Fehlerquellen aufgedeckt, durch welche sich wahrscheinlich einige jener Autoren haben täuschen lassen. Ich sehe hier ab von einer etwaigen Verwechselung der Maschenräume des Capillarnetzes oder der von den elastischen Fasern begrenzten Räume mit Epithelialzellen, die doch nur einem ungeübten Beobachter möglich wäre. Dagegen muss ich, gleich Deichler, Rainey vollkommen beistimmen, wenn er die oben beschriebenen vorspringenden Capillarschlingen als die wichtigste Fehlerquelle bezeichnet und sich überzeugt hält, dass Addison, R. Hall, van der Kolk, Th. Williams eben diese vor Augen gehabt und sie nur irrig als in situ befindliche Epithelialzellen gedeutet haben. In der That haben auch diejenigen, welche die Capillarschlingen als das, was sie sind, erkannt haben, auf die sehr nahe liegende Gefahr einer solchen Verwechselung hingewiesen. So sagt Buhl, die Schlingen „hätten für Zellen von kurzer aber breiter Spindelform gehalten werden können", und Virchow bemerkt ebenfalls, „es würde ohne besondere Kenntniss des eigentlichen Thatbestandes nicht ganz leicht sein, die vorspringenden Gefässe von aufsitzenden Epithelialzellen zu unterscheiden." Auch ich glaubte, als ich sie vor Jahren zum ersten Male sah, für einen Augenblick, Epithelialzellen vor mir zu haben. Es ist danach gewiss erlaubt, auch so bewährten Beobachtern, wie die oben Genannten, gegenüber an der Annahme fest zu halten, dass sie sich hierdurch haben täuschen lassen, und somit ihren Angaben die Beweiskraft abzusprechen.

Nicht anwendbar aber ist diese Erklärung auf die Angaben Kölliker's, denen sich Moleschott*) vollständig anschliesst. Die Abbildung Kölliker's zeigt ein so vollständiges, regelmässiges Epithel, dass an eine Verwechselung mit Capillarschlingen nicht gedacht werden kann. Am ehesten haben diese mit Epithel ausgekleideten Alveolen nach dem, was ich gesehen, noch Aehnlichkeit mit dem Querdurchschnitt feinster Bronchien. Aber eine solche Täuschung lässt sich von einem so hervorragenden Beobachter, wie Kölliker, doch nicht wohl annehmen. Gleichwohl sprechen schon einige aus dieser Abbildung selbst zu entnehmende Gründe gegen deren Naturtreue. Zunächst nämlich ist es, wie schon Deichler bemerkt hat, auffällig, dass das Epithel blos am Rande des Alveolus zu sehen ist, nicht aber an dessen übriger Innenfläche, von welcher doch in dem einen Alveolus ein Stück mit gezeichnet ist. Denn es ist

---
*) Wien. med. Wochenschrift, 1859. No. 52.

doch sehr unwahrscheinlich, dass das Epithel am Rande so vollständig haften geblieben, von der übrigen Fläche sich aber ganz abgelöst haben sollte. Sodann aber müsste ein vollständiges Epithel, wenn es vorhanden wäre, indem es die oben beschriebenen vorspringenden Capillarschlingen überzieht, gleiche Vorragungen gegen den Alveolarraum bilden, könnte also unmöglich so glattrandig um den ganzen Alveolus herumziehen, wie dies in jener Abbildung dargestellt ist. Es wird dadurch wahrscheinlich, obwohl es nicht ausdrücklich gesagt ist, dass die Abbildung etwas schematisch gehalten ist. Die Abbildung von Leydig*), welche ein die ganze Innenfläche überkleidendes Epithel zeigt, ist vom Verfasser ausdrücklich als schematisch bezeichnet.

Wir können danach allen diesen positiven Angaben keine beweisende Kraft zuerkennen. Widerlegt können sie indess erst werden durch Untersuchungen, welche auf zweckmässige Methoden gestützt, die Nicht-Existenz des Epithels nachweisen. Ich bemerke zunächst, dass ich bei der Untersuchung sehr zahlreicher hauptsächlich menschlicher, doch auch thierischer Lungen zu einer Zeit nach dem Tode angestellt, wo man andre Epithelien noch sehr schön in situ zu finden pflegt, niemals auch nur einige Epithelialzellen, geschweige denn ein vollständiges Epitheliallager, in den Alveolen in situ gesehen habe, und muss daher der Angabe von Kölliker, dass man „fast in jeder Lunge, wenigstens in einzelnen Alveolen, dieselben noch in situ sehen" könne, widersprechen. Nun haben aber zur Entkräftung der gleichen Angaben Rainey's Kölliker und (nach mündlicher Mittheilung an Rainey) Andrew Clark angegeben, dass diese Epithelien beim Menschen ungemein leicht abfallen und nach Letzterem müsste die Untersuchung spätestens 5 Stunden nach dem Tode stattfinden. Freilich hat Rainey dem gegenüber auf die Unwahrscheinlichkeit hingewiesen, dass gerade dem Alveolarepithel eine so ganz ungewöhnliche Hinfälligkeit zukommen solle. Indessen wird man doch nicht so leicht über diesen Einwand, der alle negativen Angaben, soweit sie sich auf menschliche Lungen beziehen, werthlos macht, hinweggehen können. Die nächstliegende Methode zur Controle dieses Einwandes und zur Entscheidung der ganzen Frage überhaupt ist natürlich die Untersuchung ganz frischer Lungen, unmittelbar nach dem Tode, zu einer Zeit also, wo die Lebenserscheinungen aus den Geweben noch gar nicht völlig geschwunden sind, wo deshalb doch gar nicht daran gedacht werden kann, dass das Epithel schon in Folge der eintretenden Leichenveränderung abgefallen sei. Nun behauptet allerdings Kölliker, dass „bei eben getödteten Thieren die Beobachtung der Lagerung derselben nicht die geringsten Schwierigkeiten darbiete." Wäre dem wirklich so, so könnte doch wohl über die Thatsache kein Streit fortbestehen, sie liesse sich ja in jedem Augenblick mit Leichtigkeit demonstriren. Wie war es aber dann möglich, dass so ausgezeichnete und sorgsame Mikroskopiker, wie Rainey, Todd, Bowman, Ecker nichts davon wahrnehmen konnten? Ich habe ebenfalls wiederholt Thierlungen sofort nach der Tödtung untersucht und auch hier in keinem Alveolus ein Epithel gefunden. Die Beobachtung muss also doch ihre sehr bedeutenden Schwierigkeiten haben.

Was den Menschen betrifft, so scheinen noch keine Beobachtungen an der ganz

---

*) Lehrbuch der Histologie des Menschen und der Thiere. 1857. pag. 369.

frischen, unmittelbar nach dem Tode entnommenen Lunge vorzuliegen.*) Ich habe deshalb die durch eine am 30. März 1860 hier mittels des Fallbeils vollzogene Hinrichtung eines gesunden kräftigen Mannes gebotene Gelegenheit dazu benutzt. Die Hinrichtung fand in der unmittelbaren Nähe der Anatomie statt, so dass der Leichnam schon 4 Minuten nach dem Falle des Beils auf dem anatomischen Tisch lag. Die erste Zeit wurde zu verschiedenen Reizungsversuchen benutzt**). Aber noch während diese Versuche mit günstigem Erfolg fortgesetzt wurden, kaum eine Stunde nach dem Tode, hatte ich Präparate des Lungengewebes unter dem Mikroskop. An den gut gelungenen Schnitten waren die Capillaren mit ihren in die Alveolen vorspringenden Schlingen trotz des Blutverlustes sehr wohl zu sehen. In der Umgebung der Schnitte, zum Theil auch frei liegend in den Alveolen, fanden sich ausser Blutkörperchen ziemlich spärliche Pflasterepithelien. Aber nicht in einem einzigen Alveolus konnte ich Epithelialzellen in situ entdecken. Auch der etwaige Einwurf, dass die Epithelien durch die Präparation abgelöst worden sein möchten, ist unzulässig. Die dabei vorgenommenen Manipulationen (Fertigung von Doppelmesserschnitten und Ausbreitung derselben mit Vermeidung von Zerrung und jedem andern Eingriff) sind keineswegs der Art, um ein in zahlreichen Alveolen in situ befindliches Epithel so vollständig ablösen zu können. Damit aber ist der Behauptung, dass man das Alveolarepithel beim Menschen nur deshalb so selten zu Gesicht bekomme, weil man menschliche Lungen nicht frisch genug zur Untersuchung erhalte, der Boden entzogen und bewiesen, dass zu keiner Zeit ein solches Epithel nachzuweisen ist.

Weitere triftige Beweise hierfür liefern ferner die Untersuchungen von Lungen, deren Luftwege mit Gelatine injicirt wurden (Mandl, Deichler) und, wenn auch weniger prägnant, von im frischen Zustand aufgeblasenen und getrockneten Lungen. Angenommen, dass die Epithelien zur Zeit der Injection oder des Aufblasens schon abgefallen waren, so können sie doch nicht aus den Alveolen verschwunden sein, sie würden nur regellos in ihnen liegen. Die Injection aber würde sie dann nur darin fixiren können und beim Trocknen aufgeblasener Lungenstücke müssten sie an der Alveolenwand antrocknen. Unter allen Umständen müssten sie sich also bei der Untersuchung so präparirter Lungenstücke in der Höhle der Alveolen nachweisen lassen und wenn man ganz frische Lungen benutzt, sogar in situ, da jene Manipulationen bei vorsichtiger Anwendung viel eher geeignet sind, die Epithelien in ihrer Lage zu erhalten, als sie daraus zu entfernen und man das Epithel der feinsten Bronchien dabei in der That aufs Schönste in seiner Lage erhalten findet. Nach den Untersuchungen von Mandl und Deichler findet man aber in den mit Gelatine injicirten Alveolen durchaus kein Epithel, höchstens hie und da einzelne Zellen in die Injectionsmasse eingekittet.

---

*) Wenn Moleschott (a. a. O.) empfiehlt, zum Nachweis des Epithels „kleine Würfelchen irgend einer frischen Menschenlunge" in seine starke Essigsäuremischung zu legen und einige Wochen nachher zu untersuchen, so meint er doch wohl nur so frische Lungen, als man sie zu der gewöhnlichen Zeit der Sectionen erhält. Er kommt aber dadurch mit Kölliker selbst in Widerspruch, nach dem ja die Zellen beim Menschen zu dieser Zeit schon grösstentheils abgefallen sein sollen, so dass man nur „fast in jeder Lunge in einzelnen Alveolen" dieselben noch in situ finde.

**) Siehe Jahresbericht für 1858—1860 von der Gesellschaft für Natur- und Heilkunde in Dresden. 1861. pag. 30.

die recht wohl durch die Injection aus den Bronchien mit fortgerissen sein können. Und bei Untersuchung aufgeblasener und getrockneter Lungen habe ich gleich Deichler ebenfalls in keinem einzigen Alveolus auch nur eine Spur von Epithel auffinden können, während es in den feinen Bronchien sofort nachzuweisen ist. Endlich mag hier nur noch auf die von Rainey zur Unterstützung der hier vertretenen Ansicht herbeigezogenen und gründlich erörterten vergleichend anatomischen Thatsachen hingewiesen werden. Rainey hat nachgewiesen, dass die feinsten Lufträume der Vogellunge so klein sind, dass sie nicht eine einzige Epithelialzelle aufzunehmen im Stande sind, dass also die Annahme eines sie auskleidenden Epithels geradezu absurd sein würde. Leydig (a. a. O. pag. 374) sagt ebenfalls, es sei ihm „bis jetzt nicht einmal gelungen, das Epithel in den Lungenzellen der Vögel (Reiher, Taube) zweifellos zu sehen." Auch ich habe im Lungenparenchym der Taube vergeblich danach gesucht. Aber auch bei manchen Säugethieren, besonders bei Ratten und Mäusen, sind nach Rainey (dessen Angabe ich auch hier nach Untersuchungen an der Lunge der Maus bestätigen kann) die Alveolen so klein, dass sie durch ein sie auskleidendes Epithelium fast völlig ausgefüllt und somit für ihre Function ganz untauglich werden würden. Wenn nun, so schliesst Rainey gewiss mit Recht, bei diesen Thieren ein Epithel in den Alveolen gar nicht vorhanden sein kann, so kann ein solches beim Menschen, bei dem mit dem der letzteren Thiere wesentlich gleichen Bau der Lungen, gewiss nicht wesentlich für den Process der Respiration sein. Es ist also schon danach das Vorhandensein eines solchen Epithels beim Menschen mindestens sehr unwahrscheinlich. Nach alledem ist, wie mir scheint, die Nicht-Existenz eines Epithels in den Lungenbläschen zur Genüge erwiesen.

III.
PHYSIOLOGISCHE CONSEQUENZEN.

Aus den vorigen Abschnitten hat sich ergeben, dass die Capillaren des Lungenparenchyms mit zahlreichen Schlingen über das Fasergewebe hervor in die Höhle eines jeden Alveolus hineinragen, und dass diese Schlingen nach dem Alveolarraum hin weder von einer membrana propria, noch von einem Epithel überzogen, dass sie also ganz nackt der Luft ausgesetzt sind. Die physiologische Bedeutsamkeit dieser Thatsache leuchtet von selbst ein. Es kann nicht zweifelhaft sein, dass diesen nackten Capillarschlingen die Hauptrolle bei dem respiratorischen Gasaustausch zufällt. Das in ihnen circulirende Blut ist aber nur durch die zarte Capillarwand von der Luft geschieden. Wir sehen daher in dem Bau der Lunge Einrichtungen verwirklicht, wie wir sie nach unsrer Einsicht in die physikalischen Verhältnisse der Athmung für den Gasaustausch uns nicht wohl günstiger denken können. Wir sehen keine Membrana propria, besonders aber keine Epithelialschicht dazwischen geschoben, welche den Gasaustausch nur erschweren könnten, indem durch diese die Trennungsschicht zwischen Blut und Luft (luftverändernde Schicht, Ludwig) nicht nur in hohem Grade verdickt, sondern auch bei weitem complicirter werden würde, insofern sie dann aus drei verschieden constituirten Schichten (Capillarwand, Membrana propria, Epithel) bestände. Auf der andern Seite scheint auch zum Schutz der Bläschenwand ein Epithelialüberzug derselben kaum nothwendig, da die Alveolen vor dem Eindringen fester Körper durch das Flimmerepithel der zuführenden Luftwege genügend geschützt sind. Es wird aber die Lüftung des Blutes noch weiter durch den oben erwähnten Umstand begünstigt, dass ein und dieselbe Capillare häufig aus einem Alveolus sofort in einen zweiten umbiegt, dass also derselbe Blutstrom einer wiederholten Lüftung ausgesetzt ist. Und schon jede Schlinge für sich bietet durch ihren bogenförmigen Verlauf und weil bei den stärker vorspringenden Schlingen fast die ganze Peripherie des Gefässes frei im Alveolarraum liegt, eine sehr grosse Berührungsfläche für Blut und Luft dar. So sehen wir, dass die Verhältnisse für die Lüftung des Blutes überaus viel günstigere sind, als sie nach den bisher geläufigen Vorstellungen vom Bau der Alveolen sein würden.

Vergleicht man mit Rücksicht auf die hier besprochenen Verhältnisse den Bau der Lungen bei den verschiedenen mit Lungen athmenden Wirbelthierclassen, so zeigt sich (abgesehen von allen anderen Verhältnissen) auch hierin eine Stufenfolge in der Weise, dass, je lebhafter die Respiration bei einer Thierclasse ist, wir auch um so vollkommener die Capillaren der Luft ausgesetzt sehen. So sind die Capillaren der Reptilienlunge am wenigsten der Luft ausgesetzt, obwohl auch in ihr, wie ich bei der Schildkröte gesehen, frei vorspringende Capillarschlingen vorhanden sind; in viel höherem Grade sind es die der Säugethierlunge, am vollkommensten aber die der Vögellunge, welche in der That rings von Luft umspült sind. Rainey hat auch dies in seiner Arbeit über die Vögellunge, welche er, wie schon der Titel[*] zeigt, gerade von dem hier besprochenen physiologischen Gesichtspunkt ausgehend unternommen hatte, sehr klar und ansprechend aus einander gesetzt. Und da gerade diese Arbeit in Deutschland wenig gekannt zu sein scheint (sie ist in Schmidt's Jahrbüchern nicht excerpirt und auch Kölliker citirt sie nicht), so lasse ich den betreffenden Passus hier wörtlich folgen: „From a general review of these facts and observations it will be seen, that the blood in the pulmonary capillaries of the three classes of animals here mentioned, the reptile, the mammal and the bird, is exposed in different degrees to the action of the air. In the reptile, one layer of vessels being applied on its outer side to the vessels of the adjoining cell, the blood can only be acted upon on one side of these vessels, that next the sacculi. In man only one layer of vessels being situated in the two cells, between which it is placed, the blood on both sides of these capillaries will be exposed to the influence of the air; but still these vessels on the side, where they are connected together by the pulmonary membrane are infavorably placed for receiving the full effect of the air in the contiguous air-cells. Lastly in birds the capillaries having no membrane to connect them; together (excepting those which are situated nearest to the surface of a lobule) the air is allowed to pass freely between and all around them and the most advantageous position is afforded for enabling the blood in their interior to expose the largest possible surface to the action of the inspired air."

---

[*] „On the minute Anatomy of the lung of the bird, considered chiefly in relation to the structures, with which the air is in contact whilst transversing the ultimate subdivisions of the air-passages." a. a. O.

Bei allen drei Thierclassen sind also die Lungencapillaren, nur in verschieden grosser Ausdehnung, der Luft nackt ausgesetzt (denn auch bei den Amphibien ist nach Rainey auf dem eigentlich respirirenden Theil der Lungensäcke kein Epithel vorhanden). Eine überaus hübsche, erläuternd hier hinzutretende Thatsache liefert noch eine von Leydig beim Schlammpitzger (Cobitis fossilis) gemachte Beobachtung. „Dieser Fisch, sagt Leydig*), athmet zum Theil mit seinem Darm, er schluckt atmosphärische Luft und giebt durch den After Kohlensäure von sich. Die Schleimhaut des Darmes, welche lebhaft roth ist, sich in niedrige Fältchen erhebt und ohne Drüsenbildung ist, zeichnet sich durch ungemeinen Gefässreichthum aus, so dass sie eigentlich nur aus Blutcapillaren und etwas homogener Bindesubstanz, als Träger derselben, besteht und, was mir eben recht auffallend war, weder am frischen Objecte, noch nach Behandlung mit Essigsäure ist es mir geglückt, ein Darmepithel nachzuweisen." Nichts kann wohl schlagender die Bedeutsamkeit des Epithelmangels für den Respirationsprocess bestätigen, als das Fehlen des Epithels unter so ungewöhnlichen physiologischen Verhältnissen an einer Stelle, wo ein Epithel sonst nie vermisst wird.

Endlich hat Rainey auch noch auf den Mangel eines Epithels in den Tracheen der Insekten als auf ein analoges Factum hingewiesen.

Wenn wir so die der Luftathmung dienenden Capillaren bei allen genannten Thierclassen frei über das sie tragende Gewebe hervortreten und somit der unmittelbaren Einwirkung der Aussendinge ausgesetzt sehen, so finden wir auf der anderen Seite im thierischen Organismus sonst nirgends ein ähnliches Verhalten der Gefässe*). Ueberall sonst sehen wir die Capillaren von den sie tragenden Geweben rings umschlossen, zum Theil von schützenden Decken überkleidet, durch welche sie vor der unmittelbaren Berührung mit der Aussenwelt bewahrt werden. Und so gewinnen wir durch die Kenntniss dieses eigenthümlichen Verhaltens der Lungencapillaren nicht eine vereinzelte, nur durch das vom dem Gewöhnlichen Abweichende auffällige Thatsache, die mehr durch ihre Absonderlichkeit reizt, als unsere Einsicht fördert, sondern ein allgemeines Princip, das wir in der thierischen Oekonomie überall angewandt sehen, wo es die Erreichung desselben Zweckes gilt, das Princip der möglichsten Erleichterung des respiratorischen Gasaustausches dadurch, dass Blut und Luft nur durch eine einfache zarte Membran von einander geschieden sind, ein Princip, das den nur durch die Erkenntniss des ursächlichen Zusammenhangs der Erscheinungen befriedigten Geist um so mehr befriedigen muss, je einfacher, je vollständiger es unserem Verständniss zugänglich ist.

Auf Grund der hier gewonnenen Anschauungen können wir uns endlich noch zur Erörterung einer Frage wenden, die schon oft aufgeworfen und in verschiedenem Sinn

---

*) a. a. O. pag. 377.
**) Ein wenigstens nach einer Richtung analoges Verhalten würden wir noch an den Glomerulis der Niere wiederfinden, wenn sich der auch hier noch nicht erledigte Streit über die Existenz oder Nicht-Existenz eines Epithelialüberzugs derselben, in welchem sich, ganz wie bei den Lungen, Kölliker auf der einen, Todd — Bowman und Ecker auf der andern Seite gegenüberstehen zu Gunsten der Nicht-Existenz entscheiden sollte. Wir hätten dann auch hier nackte Capillaren, welche freilich nicht den Einwirkungen der Aussendinge blosgelegt sind, aber doch frei in mittelbar nach aussen mündende Räume hineinragen. Es würde aber dann dieser anatomischen Analogie auch die physiologische entsprechen, da wir ja allen Grund zu der Annahme haben, dass auch der den Glomerulis obliegende Antheil an der Harnausscheidung nach rein physikalischen Gesetzen erfolgt.

beantwortet ist, zu der Frage, ob die Lungen den Drüsen beizuzählen sind. Ist diese Frage bei der Dehnbarkeit des Begriffs der Drüsen auch nur von untergeordneter Bedeutung, so ist sie doch für den, der Interesse hat an der Entwickelung und Klärung allgemeiner Begriffe, unter welche sich die Besonderheiten der Erscheinung zusammenfassen lassen, nicht bedeutungslos.

E. H. Weber*) reiht die Lungen unter die Drüsen ein und fügt nur, nach Hervorhebung ihrer Ausnahmestellung als gleichzeitig aufnehmende und absondernde Organe, hinzu, dass deshalb „viele Anatomen Bedenken getragen haben, die Lungen zu den Drüsen zu rechnen, mit denen sie aber im Baue übereinkommen." Später**) zählt er sie nicht mit unter den Drüsen auf. Henle***) giebt zwar zu, dass die Lungen sich in manchen Beziehungen den Drüsen anschliessen, scheint aber doch mehr geneigt, sie von denselben zu trennen, indem er besonders darauf hinweist, dass die Absonderung der Kohlensäure in ihnen auf eine von den übrigen Drüsen abweichende Weise nach rein physikalischen Gesetzen geschieht. Joh. Müller†) führt bei Besprechung des inneren Baues der Drüsen die Lungen gar nicht mit auf. In neuester Zeit hat besonders Kölliker††) die Zugehörigkeit der Lungen zu den Drüsen urgirt, ja sogar einige Lungenbläschengruppen (Infundibula) als Typus der traubenförmigen Drüsen abgebildet.

Bei der Gegenüberstellung dieser verschiedenen Angaben müssen wir uns aber erinnern, wie verschiedene Definitionen von den Drüsen die genannten Autoren ihren Angaben zu Grunde legen. Wenn E. H. Weber seiner Zeit (a. a. O. pag. 432) die Drüsen definirte als „rundliche, nicht membranenförmige, weiche, grossentheils aus Gefässen bestehende, sehr zusammengesetzte Theile, in welchen die Säfte, vermöge einer den Drüsen eigenthümlichen Thätigkeit, eine Mischungsveränderung erleiden, welche einen andern Zweck als die Ernährung dieser Theile hat, so ist gewiss nichts gegen die Unterordnung der Lungen unter diesen Begriff einzuwenden. In einem ähnlichen weiten Sinne braucht Donders†††) das Wort „drüsenartig", wenn er sagt: „Kiemen und Lungen haben meistens einen drüsenartigen Bau: in einem ziemlich kleinen Raume wird eine grosse Oberfläche hergestellt, auf welcher das Blut in einem Capillarsysteme sich ausbreitet und mit der Luft in Berührung kommt."

Auf einem ganz anderen, dem rein histologischen Standpunkte steht Kölliker, der zwar keine bestimmte Definition von dem giebt, was er unter Drüse verstanden wissen will, wohl aber Materialien zu einer solchen liefert, indem er sagt (a. a. O. pag. 51): „Die Drüsen besitzen als wesentlichsten Bestandtheil die secernirenden Elemente, die als Zellencomplexe, geschlossene Drüsenblasen und offene Drüsenbläschen und Drüsenschläuche auftreten und die sogenannten Drüsen- oder Drüsenparenchymzellen als wichtigsten Bestandtheil enthalten." In der That ist es wohl auch, um nicht Organe, deren Functionirung auf wesentlich verschiedenen Principien beruht, zusammenzuwerfen, bei

---

*) Hildebrandt's Anatomie. 1830. Bd. I. pag. 437.
**) Rosenmüller's Anatomie. 6. Aufl. herausgeg. v. E. H. Weber. 1840. pag. 88.
***) Allgem. Anatomie. 1841. pag. 830.
†) Handb. d. Physiol. 1. B. 4. Aufl. 1841. p. 347 ff.
††) Handb. der Gewebelehre. 3. Aufl. 1859. p. 54, 51, 475.
†††) Physiologie des Menschen, 1856. I. Bd. pag. 312.

dem jetzigen Stande unserer Kenntnisse das Zweckmässigste, das Hauptgewicht auf das Vorhandensein eines eigentlichen Drüsenparenchyms zu legen, d. h. eines wesentlich zelligen, bei dem Secretionsvorgang activ betheiligten Gewebes, von dessen eigenthümlicher Thätigkeit eben die Specifität des Secretes hauptsächlich abhängt. Thut man aber dies, so muss man die Lungen bestimmt von den secernirenden Drüsen trennen. Denn sie enthalten nichts, was man als eigentliches Drüsenparenchym zu bezeichnen ein Recht hätte. Das vermeintliche Epithel der Lungenbläschen bot wenigstens eine Analogie mit den Drüsenzellen anderer Drüsen, obwohl auch die, welche ein solches Epithel annehmen, demselben keine grosse Bedeutung für die Kohlensäure-Ausscheidung beimessen können, so dass die Analogie eine sehr äusserliche, mehr scheinbare wird.*) Mit dem Nachweis der Nicht-Existenz dieses Epithels fällt selbst diese Analogie. Wir mussten die Lungencapillaren als die für den Gasaustausch allein wesentlichen Theile auffassen. Alles was sonst von Geweben in die Zusammensetzung der Lunge eingeht, gehört theils den ein- und ausführenden Luftwegen und Blutgefässen an, theils dient es nur zur Stütze, Begrenzung und der für den Gaswechsel nothwendigen Volumsveränderung der Endräume, in welchen der Gasaustausch stattfindet, der Alveolen. Ein zelliges Gewebe, welches bei der Kohlensäure-Ausscheidung activ betheiligt wäre, also ein wahres Drüsenparenchym existirt nicht. Vielmehr finden wir als durchgeführtes Princip die Vermeidung alles dessen, was der möglichst innigen Berührung von Blut und Luft und damit dem rein physikalischen Process des gegenseitigen Gasaustausches hinderlich sein könnte. Wir müssen demnach den Lungen, als eigenartigen Organen, eine gesonderte Stellung den secernirenden Drüsen gegenüber wahren.

IV.
DIE LUNGENVERÄNDERUNGEN DER HERZKRANKEN.

Die in den vorigen Abschnitten festgestellten Thatsachen müssen in mannigfacher Weise modificirend auf die Auffassung vieler krankhafter Zustände der Lunge in Betreff der feineren Structurverhältnisse derselben einwirken und machen daher wiederholte Untersuchungen derselben nothwendig. Dies gilt ganz besonders auch von den Veränderungen des Lungengewebes, die wir so überaus häufig als Begleiter chronischer Herzkrankheiten finden, vor Allem von einer der wichtigsten unter ihnen, welche unter dem Namen der braunen Induration oder Pigmentinduration der Lungen bekannt ist. Von ihr soll in den folgenden Zeilen hauptsächlich die Rede sein. Der nächste Anlass, diesen Gegenstand hier zur Sprache zu bringen, musste für mich in dem oben geführten Nachweis liegen, dass das von Buhl beschriebene Verhalten der Lungencapillaren als ein ganz normales zur Erläuterung jenes Zustandes nicht benutzt werden kann. Es musste

---

*) Es ist wohl kaum zu bezweifeln, dass gerade der Umstand, dass man die Lungen den Drüsen beizuzählen pflegte, und das darauf gegründete Vorurtheil, dass ihre Endbläschen gleich denen anderer Drüsen eine Epithelialauskleidung besitzen müssten, wesentlich beigetragen haben zu der Zähigkeit, mit welcher der Glaube an die Existenz des Alveolen-Epithels trotz der gegentheiligen wohlbegründeten Angaben bis in die neueste Zeit festgehalten wird.

danach, wollte ich nicht bei einer leidigen Negation stehen bleiben, meine Aufgabe sein, das Wesen jener Affection in anderer Weise festzustellen. Es lag aber dazu um so mehr Veranlassung vor, als die Ansichten der pathologischen Anatomen über die Natur dieses Zustandes noch sehr weit aus einander gehen. Und auch dem ärztlichen Publicum gegenüber scheint eine wiederholte Anregung des Gegenstandes wünschenswerth, da er in der That ein hohes praktisches Interesse gewährt, das fast noch gar nicht gewürdigt worden ist und da die Bekanntschaft mit demselben noch keine verbreitete zu sein scheint. Unzweifelhaft sind die secundären Lungenaffectionen von besonders hohem Einfluss auf den späteren Verlauf chronischer Herzkrankheiten, und mit Recht sagt Bamberger*), „dass die nächste Todesursache der meisten Herzkranken in einer secundären Lungenaffection gelegen sei." Unter diesen aber nimmt die sogenannte braune Induration nicht nur, weil sie eine der häufigsten ist, sondern auch, weil sie meist das ganze Lungengewebe, oder doch einen grossen Theil desselben betrifft, eine hervorragende Stellung ein.

Der Erste, welcher diesen Zustand in seiner Eigenthümlichkeit und zugleich seine nahe Beziehung zu den Klappenfehlern des Herzens erkannte und durch seine lichtvolle, anschauliche Beschreibung die Kenntniss desselben begründete, war Virchow in seiner Arbeit über die pathologischen Pigmente.**) Von früheren Autoren hatte nur Hasse***) eine höchst wahrscheinlich auf unsern Gegenstand bezügliche Beschreibung geliefert, auf welche Virchow hinweist. Indessen hatte derselbe die unterscheidenden Eigenthümlichkeiten der Affection, die er als braunrothe Verhärtung bezeichnete, noch nicht so scharf hervorgehoben, dass man sie danach mit Sicherheit hätte wieder erkennen können. Besonders aber musste die Zusammenstellung derselben mit ganz heterogenen Zuständen unter dem gemeinschaftlichen Begriff der chronischen Pneumonie dem Verständniss hinderlich sein, daher denn auch seine Angaben bis auf Virchow nicht beachtet worden zu sein scheinen. Auch das, was Andral†) an verschiedenen Stellen seines Werks theils als wahre Induration der Lunge in Folge langwieriger Congestionen (Tome I., pag. 200), theils als Hypertrophie der Lunge mit Induration ihres Gewebes (T. II., pag. 516) beschreibt, kann nur vermuthungsweise hierher gezogen werden, obwohl die Beschreibung an letzterer Stelle ziemlich gut passt. Dasselbe gilt von dem, was Skoda††) als „Hypertrophie der Lunge" beschreibt, zumal da nichts angegeben ist über die Verhältnisse, unter denen Skoda die Affection beobachtete. Jedenfalls war dieselbe damals in Wien als eine häufige Consecutiverkrankung bei Herzleiden noch nicht bekannt, da Rokitansky†††) bei Aufzählung dieser Folgeleiden nichts erwähnt, was sich hierauf beziehen liesse. Seit Virchow's Beschreibung finden wir den Zustand in den meisten pathologischen und pathologisch-anatomischen Lehr- und Handbüchern aufgeführt, ohne dass dadurch die Kenntniss desselben wesentlich gefördert worden wäre. Die meisten

---

*) Lehrbuch der Krankheiten des Herzens. Wien, 1857, pag. 202.
**) Archiv für pathol. Anatomie und Physiol. I. Bd., 1847, pag. 161.
***) Anatom. Beschreibung der Krankheiten der Circulations- u. Respirationsorgane. Leipzig 1841, pag. 293.
†) Précis d'Anatomie pathologique. Paris 1829.
††) Abhandl. über Percussion und Auscultation. 1844, pag. 269.
†††) Handbuch der patholog. Anatomie. II. Bd., 1844, pag. 414.

Autoren geben nur die Angaben Virchow's wieder und schliessen sich seiner Auffassung des Zustandes an, während andere im Anschluss an die (wie gesagt nicht sicher hierher gehörigen) Angaben Andral's und Skoda's die Affection als Hypertrophie der Lunge bezeichnen. Eine ausführliche Arbeit über den Gegenstand auf Grund eigener Untersuchungen, welche in histologischer Beziehung einiges Abweichende vorbringt, lieferten nur Isambert und Robin.*) welche dadurch ihre Landsleute auf die bis dahin in Frankreich noch nicht beschriebene Affection hinwiesen. Einen in Beziehung auf die histologischen Verhältnisse wichtigen casuistischen Beitrag gab Friedreich.**) Derselbe giebt auch in seinem Handbuch der Herzkrankheiten***) in kurzen Zügen eine mehr selbstständige Darstellung der Affection, während Bamberger†) die klinische Würdigung derselben anbahnt. Die Mittheilung von Buhl aber, welche den Ausgangspunkt dieser Schrift bildete, zeigt, indem sie für den mangelnden Collapsus der so veränderten Lungen eine neue Erklärung aufstellt, dass das Bedürfniss nach Erklärung der Eigenthümlichkeiten dieses Zustandes noch nicht befriedigt ist. Und so mag denn, zumal da wir gegen den letzteren Erklärungsversuch Einsprache erheben mussten, auch der folgende Versuch, das Wesen dieser interessanten Affection festzustellen, kein überflüssiger sein.

Die wesentlichen Charaktere der braunen Lungeninduration, oder wie ich sie aus später zu erörternden Gründen zu nennen vorschlage, der Lungencondensation, sind: Verdichtung des Gewebes, verbunden mit Vergrösserung des Volums der Lunge (genauer: Erhaltung desselben auf der Grösse der Inspiration), wobei der Luftgehalt meist noch erhalten, aber wesentlich verringert, in den höchsten Graden aber ganz verdrängt ist. Danach unterscheidet sie sich durch die Volumszunahme von den mit Verminderung des Volums verbundenen Verdichtungszuständen des Lungengewebes, der Atelectase, dem Collapsus, der Compression, durch den noch erhaltenen Luftgehalt von der Hepatisation, während die höchsten zur völligen Luftleere führenden Grade derselben in Betreff ihrer anatomischen Charaktere in der That, wie wir sehen werden, der Hepatisation überaus nahe stehen.

Fassen wir die einzelnen Erscheinungen in's Auge, so sehen wir in den exquisiten Fällen die Lungen den Brustraum ganz ausfüllen, sie collabiren nach dem Eröffnen des Thorax gar nicht, ja sie drängen sich bisweilen etwas über den Rippenrand vor. So bietet die äussere Form eine gewisse Aehnlichkeit mit dem Lungenemphysem. Aber schon die äussere Besichtigung, sowie das Gefühl ergeben sofort den direkten Gegensatz dieses Zustandes. Denn statt, entsprechend der Vergrösserung des Organs, die oberflächlichen Alveolen erweitert zu sehen, sind dieselben vielmehr gar nicht zu erkennen, und schon von aussen fühlt sich das Gewebe auffällig dichter an. Dieses Gefühl vermehrter Dichtigkeit ist auf Durchschnitten des Organs noch viel charakteristischer; doch bleibt es dabei weich. Auch für das Auge ist die vermehrte Dichtigkeit auf

---
*) Mémoire sur l'induration pulmonaire, nommée Carnification congestive. Comptes rendus des séances et Mémoires de la société de biologie. II. Série. Tome II. Paris 1856. und Gazette de Paris. 1855, 29—31.
**) Virchow's Archiv. X. Bd. 1856. pag. 201.
***) Handbuch der spec. Pathologie und Therapie, redig. v. Virchow. V. Bd. 2. Abth., pag. 347. 1861.
†) Lehrbuch der Krankheiten des Herzens. Wien 1857, pag. 204.

Durchschnitten höchst auffällig; die Schnittfläche zeigt nicht das lockere schwammige Ansehen der gesunden Lunge, sondern erscheint gleichmässig und glatt. Es tritt auf ihr wenig oder gar kein Schaum vor. Dem entsprechend ist auch das Knistern des Gewebes gering oder fehlt ganz, aber es schwimmt noch auf dem Wasser. Dazu kommt nun noch die eigenthümliche Färbung des Gewebes, welche ebenfalls schon an der Oberfläche, noch deutlicher aber auf der Schnittfläche bemerklich ist und von einem blassen Gelb bis zu dunklem Rothbraun wechselt. Die gelbe Färbung ist besonders an blutärmeren Theilen, daher häufiger in den vorderen Parthieen deutlich und kommt darum auch, wie Heschl*) angiebt, an blutreicheren Parthieen nach dem Auswässern zum Vorschein. Die Schnittfläche ist bald gleichmässig gefärbt, bald auffällig fleckig, indem auf blässerem gelblichen oder braunen Grunde zahlreiche rundliche dunkelrothe oder rothbraune, bisweilen auch schiefergraue, etwas verwaschene Flecke erscheinen. Im Ganzen nur selten finden sich Parthieen, die bei übrigens gleichem Verhalten keine Farbenveränderung erkennen lassen. Das so veränderte Gewebe ist dabei entweder trocken, oder mehr oder weniger ödematös, wo dann das Oedem ebenfalls häufig eine gelbliche oder braune Färbung zeigt.

In den so veränderten Lungen finden sich nun aber nicht selten, doch keineswegs immer, kleinere oder beträchtlich grosse völlig luftleere Parthieen, welche durch ihre gröberen, sowie mikroskopischen Charaktere sich als die höchsten Grade der bisher beschriebenen Veränderungen ausweisen. Dieser für die Geschichte der Affection, sowie für die physikalische Diagnostik derselben im Leben offenbar sehr wichtige Umstand ist von den deutschen Autoren bisher nicht hervorgehoben worden, und nur Isambert und Robin (a. a. O.) erwähnen denselben. Doch gehen diese Autoren zu weit, wenn sie die Luftleere des Parenchyms für einen wesentlichen Charakter der Affection halten und meinen, dass, wenn das Gewebe bisweilen schwimme, dies allein von zwischenliegenden gesunden Gewebsparthieen abhänge. Die luftleeren Parthieen gehen in solchen Fällen durch ganz allmälige Uebergänge in das angrenzende noch etwas lufthaltige Gewebe über. Man bemerkt, von letzterem ausgehend, durch Gefühl und Gesicht, dass die Dichtigkeit des Parenchyms mehr und mehr zunimmt, bis sie in der luftleeren Parthie ihren höchsten Grad erreicht. Hier erscheint dann die Schnittfläche ganz eben, äusserst fein körnig, meist gleichmässig dunkelrothbraun und trocken und das Gewebe sinkt in Wasser unter. Hier ist der Zustand also in der That dem der rothen Hepatisation sehr ähnlich, nur durch die viel grössere Feinheit der Granulation der Schnittfläche und die geringere Mürbheit des Gewebes davon unterschieden. Ja man kann von einem gewissen Standpunkt, den ich aber nicht theile, diesen Zustand wirklich als eine besondere Form entzündlicher Infiltration des Lungenparenchyms ansehen und gewiss ist er bisher dafür gehalten worden, da er wohl kaum übersehen worden sein kann. Hierüber lässt sich indess erst nach Besprechung der mikroskopischen Verhältnisse discutiren. Das Bild der Veränderungen wird aber ferner auch noch dadurch complicirt, dass wirkliche pneumonische Infiltrationen mit allen denselben zukommenden Charakteren (stärkere Auftreibung, Mürbheit, Abfliessen einer trüben graurothen nicht schaumigen Flüssigkeit

---

*) Compendium der patholog. Anatomie. Wien 1855, pag. 380.

u. s. w.) hinzutreten, was indessen viel seltener ist, als man wohl anzunehmen geneigt ist. Diese wahren Hepatisationen nun gehen wieder durch mancherlei Zwischenstufen, durch welche eine scharfe Abgrenzung der Zustände bisweilen unmöglich gemacht wird, indem der hämorrhagische Charakter der Infiltration mehr und mehr in den Vordergrund tritt, in die eigentlichen hämorrhagischen Infarkte über, welche, indem sie als harte, meist scharf begrenzte, dunkel schwarzrothe Knoten zunächst in die Augen fallen, die Aufmerksamkeit hauptsächlich auf sich gezogen haben und in der verdichteten Lunge der Herzkranken allerdings nur selten fehlen. Unter 17 von mir untersuchten Fällen von Lungencondensation waren in 12 Fällen hämorrhagische Infarkte vorhanden.

Bemerkenswerth erscheint mir, dass ich in zwei Fällen (beide Male bei jugendlichen männlichen Individuen) an der vorderen Fläche der Lungen, im schroffen Gegensatz gegen den Zustand des übrigen Parenchyms, umschriebene enorm emphysematöse Parthieen mit bis erbsengrossen, zum Theil prominirenden Emphysemblasen fand, wie sich denn geringere Grade von partiellem Emphysem an den vorderen Rändern noch öfter in Verbindung mit der Lungencondensation finden. Nimmt man nun zu dem Allen noch die bei gleichzeitigem Hydrothorax hinzutretenden partiellen Compressionen und das in allen Graden vorkommende Oedem, so sieht man, wie das Bild solcher Lungen oft ein überaus complicirtes ist, so dass es schwer ist, sich darin zu orientiren, wenn man nicht in einer genauen Kenntniss der Natur dieser Veränderungen und ihres gegenseitigen Verhältnisses einen Faden besitzt, der die Orientirung erleichtert.

Wenden wir uns nun zur Ermittelung des Wesens der beschriebenen Affection, so kommt es offenbar hauptsächlich darauf an, den Grund der so eigenthümlichen Verdichtung des Gewebes aufzudecken. Schon der Augenschein lehrt, dass der nächste Grund in einer Verengerung des Luftraums der Alveolen liegt. Es fragt sich aber, ob dies durch krankhafte Einlagerungen in den Alveolarraum, oder durch eine diesen Raum einengende Massenzunahme seiner Wand, oder durch beides zugleich bedingt ist. Die Ansichten hierüber gehen bis jetzt weit aus einander. Virchow, welcher den Gegenstand hauptsächlich wegen seines Interesses für die Pigmentbildung besprach, hat sich über diese Frage nicht bestimmt ausgesprochen. Doch scheint aus seiner Darstellung, indem er die Hypertrophie der Bläschenwandungen als hypothetisch und nur die Extravasate und Pigmente als neu hinzugekommen bezeichnet, und aus seiner Wahl des Namens „Pigmentindurațion" hervorzugehen, dass er die Einlagerung der Pigmente, theils in die Epithelien der Alveolen, theils in die Interstitien des Gewebes als die Ursache nicht nur der eigenthümlichen Färbungen, sondern auch der Verdichtung des Gewebes ansieht. Spätere Autoren, welche der Virchow'schen Darstellung gefolgt sind, haben sich bestimmter in dieser Weise ausgesprochen, so Förster.*) Andere, welche im Anschluss an Andral und Skoda den Zustand als Hypertrophie bezeichnen, betrachten, wie sich schon aus dieser Benennung ergiebt, zum Theil aber auch ausdrücklich von ihnen ausgesprochen wird, eine Massenzunahme der Bläschenwandungen mit

---

*) Handbuch der patholog. Anatomie. II. Bd. 1854. pag. 173.

Verengerung des Alveolarraums als Ursache der Verdichtung. So Dittrich*), Heschl, Bamberger, welcher letztere die Affection als einen „Zustand von Hypertrophie des Bindegewebes der Lunge mit reichlicher Ablagerung von Pigment" bezeichnet. In der That drängt sich diese Anschauung bei der anatomischen Untersuchung solcher Lungen unwillkürlich auf, insofern sie die eigenthümliche Verdichtung des Gewebes am einfachsten und befriedigendsten zu erklären scheint und den Zustand zugleich in Parallele setzt mit den ebenfalls häufig im Gefolge von Herzkrankheiten sich entwickelnden hypertrophischen Verdichtungen von Leber, Milz, Nieren. Doch geht aus den Angaben der genannten Autoren nicht hervor, ob sie sich dabei auf bestimmte histologische Anschauungen stützen, die doch allein die Frage entscheiden können. Erst Rokitansky**) hat unter der Rubrik: „Hypertrophie der Lunge" eine Massenzunahme ihres Bindegewebes genauer beschrieben und abgebildet, welche er bei Klappenfehlern des linken Herzens öfter beobachtete und in eine gewisse Beziehung zu Virchow's „Pigmentinduration" bringt. Indessen scheint er beide Zustände keineswegs identificiren zu wollen, vielmehr nur eine häufige Combination derselben anzunehmen. Denn er spricht wiederholt (pag. 47, 81) von einer durch Pigmenteinlagerung bedingten Wulstung und Dichtigkeitszunahme des Lungenparenchyms, womit er sich also mehr der Virchow'schen Anschauung anschliesst. Auch wäre eine solche Identificirung um so weniger zulässig, als nach Rokitansky bei jener Massenzunahme des Bindegewebes die Alveoli vielmehr vergrössert sein sollen.

Auch Isambert und Robin betrachten, obwohl sie den Namen „Hypertrophie" als unpassend zurückweisen, als das Wesentliche der Affection eine Massenzunahme der Bläschenwandungen, bedingt durch die Einlagerung einer amorphen fein granulösen, zahlreiche Hämatoidinkörner einschliessenden Masse zwischen die normalen Elemente des Lungengewebes. Sie sagen bei der Beschreibung eines Falles ausdrücklich, die Menge der infiltrirten amorphen Masse sei gross genug, um die Veränderungen der Consistenz des Lungengewebes zu erklären. Buhl endlich, der, wie wir oben (pag. 2) gesehen haben, die Verengerung des Alveolarraums hauptsächlich durch die von ihm gefundenen „Ectasieen der Capillargefässe" (welche wir als normale Gefässchlingen deuten mussten) erklären zu können glaubte, sagt gleichzeitig, dass er auch „eine Verdickung der die Capillargefässe tragenden und das Balkennetz der Alveolen umhüllenden Bindesubstanz, sowie der die Alveolen auskleidenden Membran annehme."

Einen von den bisherigen Angaben ganz abweichenden Befund beschreibt schliesslich Friedreich (a. a. O.). Derselbe fand nämlich die zelligen Elemente in den Lungenbläschen nicht nur in der von Virchow beschriebenen Weise mit Pigment gefüllt, sondern überdiess in solcher Menge, „dass sie nicht wohl von dem einfachen Epithelüberzuge der Lungenbläschen abgeleitet werden konnten, sondern eine gleichzeitig zu Stande gekommene Vermehrung derselben angenommen werden musste." Diese durch entzündliche Reizung bedingten Wucherungen des Epithels aber sind nach seiner spät-

---

*) Beiträge zur patholog. Anatomie der Lungenkrankheiten. Erlangen. 1850. und Prag. Vierteljahrschr. 1851. VIII. 3.
**) Lehrbuch der patholog. Anatomie. 3. Aufl. 3. Bd. 1861. pag. 46.

eren Erklärung*) die Ursache der Verdichtung des Parenchyms bei der „Pigmentinduration". Hier haben wir also den schärfsten Gegensatz gegen die Annahme einer Hypertrophie der Bläschenwand.

Meine eigenen Untersuchungen nun haben mich zu Resultaten geführt, welche in Betreff des Thatsächlichen ganz mit denen Friedreich's übereinstimmen, während ich in der Deutung des Befundes, auf Grund der im zweiten Abschnitt dieser Schrift gewonnenen Anschauungen von ihm abweichen muss.

Was zunächst das Verhalten des fasrigen Gerüstes und der Bläschenwandungen in der condensirten Lunge betrifft, so habe ich mich gleich Virchow in keinem Falle von einer irgend erheblichen Massenzunahme dieser Theile überzeugen können. Ich darf aber auf diesen negativen Befund um so mehr Gewicht legen, als ich, lange Zeit auf Grund der gröberen Anschauungen an der hypothetischen Annahme einer solchen Massenzunahme festhaltend, mit einer gewissen Vorliebe für diese Erklärung nach dieselbe beweisenden mikroskopischen Anschauungen gesucht habe. Weder ist mir eine so massenhafte bindegewebige Hypertrophie, wie sie Rokitansky beschreibt, zu Gesicht gekommen, noch auch habe ich die nach Isambert und Robin so reichliche amorph granulöse Masse in den Interstitien des Gewebes finden können. Wenn ich daher von einer Deutung dieser Befunde aus Mangel eigner Anschauungen absehen muss, so kann ich sie doch als der Lungencondensation constant zukommende, deren Eigenthümlichkeiten erklärende Veränderungen nicht gelten lassen. Buhl's Annahme einer Verdickung der Bindesubstanz scheint seinen Worten nach eben auch nur eine hypothetische zu sein, während ich eine Verdickung der die Alveolen auskleidenden Membran schon um deswillen nicht annehmen kann, weil ich mich, wie oben (pag. 8) gesagt, von der Existenz einer solchen besonderen Membran weder in der gesunden, noch in der condensirten Lunge habe überzeugen können. Demnach kann ich die Auffassung unserer Affection als einer auf Massenzunahme des Gerüstes und der Bläschenwandungen beruhenden Hypertrophie der Lunge nicht als berechtigt anerkennen.

Die von mir an dem Stroma wahrgenommenen Veränderungen beschränken sich blos auf die von Virchow und Anderen beschriebenen Einlagerungen von diffusem und körnigem Pigment. Aber auch diese sind keineswegs immer sehr reichlich, ja in manchen Fällen höchst unbedeutend, so dass man auch in ihnen den Grund der Dichtigkeitszunahme des Gewebes nicht finden kann, während sie in Verbindung mit den meist reichlicheren Pigmentanhäufungen in der Höhle der Alveolen die eigenthümlichen Färbungen des Gewebes bedingen.

Die Capillargefässe der Alveolen fand ich in den blutreicheren Theilen meist überaus schön und vollständig injicirt, so dass es in der That oft, wie Buhl sagt, einen prachtvollen Anblick gewährt. Etwas Anderes aber, als eine keineswegs sehr erhebliche gleichmässige Erweiterung derselben, habe ich nie wahrgenommen. Insofern man dieselbe bei jeder irgendwie bedingten ganz acuten Blutüberfüllung in ganz gleichem Grade finden kann, erscheint sie eher geringer, als man bei den bei solchen Herzkranken

---

*) Handbuch der spec. Pathol. u. Therapie, red. von Virchow. V. Bd. 2. Abth. pag. 347.

nothwendig vorhandenen andauernden Stauungen erwarten sollte. Kleine Ungleichheiten im Durchmesser der Capillaren, die offenbar nur von der etwas ungleichmässigen Füllung abhängen, finden sich, wie bei jeder natürlichen Injection in der Leiche, auch hier. Von wirklichen Varicositäten aber konnte ich mich nie überzeugen, und die in den Alveolarraum hineinragenden Capillarvorsprünge konnte ich stets als die oben beschriebenen normalen Capillarschlingen erkennen (vergl. Fig. 3.). Wenn demnach hier überhaupt, was mir noch zweifelhaft erscheint, wahre Varicositäten vorkommen, so sind sie doch sicher sehr selten und es scheint mir vielmehr, wie oben gezeigt, wahrscheinlicher, dass den hierauf bezüglichen Angaben Buhl's und der Bestätigung derselben durch Virchow eine Verwechselung mit den normalen Capillarschlingen zu Grunde liegt. Ueberdiess würden solche Ectasieen auch bei der colossalsten Entwickelung eine so hochgradige Verengerung der Alveolarräume, wie sie bei der Lungencondensation entschieden vorhanden ist, kaum bedingen können.

Wenden wir uns aber schliesslich zur Betrachtung des Alveoleninhalts, so finden wir hier constant die erheblichsten Veränderungen. Untersucht man feine Durchschnitte der condensirten Lunge, ohne sie vorher mit Wasser abzuspülen, so sieht man theils in den Alveolarräumen, theils um das ganze Präparat herum neben extravasirten Blutkörperchen zahllose zellige Elemente von verschiedener Form und Grösse, deren Menge die der auf normalen Lungendurchschnitten vorfindlichen Zellen so beträchtlich übersteigt, dass an einer sehr erheblichen krankhaften Vermehrung derselben nicht gezweifelt werden kann, wie es denn auch nicht zweifelhaft sein kann, dass dieselben aus den Alveolen selbst stammen, da sie bei ihrer Menge nirgends anders Platz haben würden. Nimmt man Schnitte aus dem in mässigem Grade condensirten noch lufthaltigen Gewebe, so zeigen die Zellen zum grossen Theil ganz die Beschaffenheit der im normalen Lungengewebe vorkommenden Pflasterepithelien; es sind kleine, polygonale, blasskörnige, oft noch zu mehreren zusammenhängende Zellen, von denen aber viele doppelte Kerne zeigen. In dem zur völligen Luftleere verdichteten Gewebe ist die Zahl der Zellen noch weit grösser; auch hier zeigen sie zum Theil noch die typische Form der Epithelien; die Zahl derer, die zwei, drei und mehr regelmässige ovale Kerne zeigen, ist hier bisweilen überaus gross, so dass ich in einem Falle auf jeder Stelle des Präparats dergleichen fand. Sodann aber verliert in diesen Parthieen ein grosser Theil der Zellen die typische Form; dieselben erscheinen kleiner, kuglig, mattkörnig und nähern sich mehr und mehr der Form der Eiterkörperchen. Damit vermischt nun finden sich in allen Theilen, bald in sehr grosser Menge, bald gegen die ungefärbten Elemente zurücktretend die von Virchow und Anderen genau beschriebenen mit gelbem, braunem und schwarzem theils diffusem, theils körnigem Pigment gefüllten Zellen, die von den kleinen epithelialen Formen durch zahlreiche Zwischenformen in beträchtlich grosse kuglige Elemente übergehen, und von deren Anwesenheit hauptsächlich die eigenthümlichen Färbungen des Parenchyms abhängen. Amorphe fibrinöse Massen finden sich auch in den Alveolen der luftleeren verdichteten Parthieen nicht.

Fragt man nun, ob dieser Befund die Eigenthümlichkeiten der in Rede stehenden Affection zu erklären geeignet ist, so muss man diese Frage gewiss mit Ja beantworten. Die mehr und mehr zunehmende Füllung der Alveolen mit Zellenmassen muss nothwendig das Gewebe für Gefühl und Gesicht dichter machen, den Collapsus desselben verhindern,*) der Schnittfläche ein glätteres Ansehen verleihen, das, je mehr die Füllung zunimmt, um so mehr sich dem Ansehen eines hepatisirten Gewebes nähern muss. So haben wir hierin eine ganz befriedigende Erklärung des Zustandes, welche andre hypothetische Erklärungen ganz unnöthig macht.

Um so wichtiger erscheint die Frage, wie jene Füllung der Alveolen zu Stande kommt. Der beschriebene Befund lässt zunächst nicht daran zweifeln, dass die die Alveolen füllenden Zellenmassen Produkte der Wucherung der im normalen Lungengewebe vorkommenden Pflasterepithelien sind. Wer nun, wie bisher fast allgemein geschehen, den Sitz dieser Epithelien in die Alveolen selbst verlegt, kann den Vorgang eben nur als Wucherung dieses Alveolarepithels auffassen, wonach er als Katarrh der Alveolen bezeichnet werden könnte (analog dem sogenannten Katarrh der Harnkanälchen u. s. w.). In diesem Sinne spricht Friedreich von pneumonischen, meist katarrhalischen Infiltrationen des Lungenparenchyms bei Klappenleiden. Nachdem wir aber gesehen haben, dass die Alveolen im normalen Zustande kein Epithel besitzen, dass jene Pflasterepithelien der normalen Lunge aus den feinsten Bronchien stammen, können wir auch nur in letzteren den Entstehungsort jener Zellen suchen, und in der That finden wir ja bei den Herzkranken fast constant chronische Bronchialkatarrhe, also einen Process, der wesentlich in Wucherung der Epithelien besteht. Es ist aber auch nicht schwer zu erklären, wie die Zellen von da in die Alveolen gelangen. Die von der Schleimhaut der feinsten Bronchien in Folge des katarrhalischen Processes fortwährend abgelösten Zellen können, da hier die bewegende Kraft der Cilien wegfällt, nur durch den von den Alveolen herkommenden Exspirationsstrom und durch etwaige Contractionen der Bronchien in die grösseren Zweige fortbewegt, dagegen durch kräftige Inspirationen leicht in die Alveolen eingesaugt werden. Dies letztere muss namentlich durch die gewaltsamen Inspirationen bei den so häufigen dyspnoischen Anfällen der Herzkranken erfolgen. Wenn nun so durch die aspirirten Zellen die Alveolarräume sich mehr und mehr füllen, so muss dies einerseits den Exspirationsstrom schwächen und damit die Stockung jener Zellen befördern, andererseits aber durch Verkleinerung der Athmungsfläche zur Steigerung der dyspnoischen Zustände beitragen, die dann ihrerseits wieder zu vermehrter Aspiration der gelockerten Zellen führen, welche besonders durch Steigerungen des Catarrhs mit vermehrter Abstossung der Epithelien bei gleichzeitigem Verlust ihrer typischen Gestalt begünstigt werden muss. So bildet sich eine Wechselwirkung aus, die, wenn der Zustand sich einmal zu entwickeln begonnen hat, fast mit Nothwendigkeit denselben mehr und mehr steigert bis zur endlichen völligen Ausfüllung der Alveolen und somit zur Aufhebung ihrer respiratorischen Thätigkeit. Von einer entzündlichen Affection der Alveolen selbst kann man daher nach dieser Anschauung nicht sprechen; dieselben verhalten sich vielmehr ganz passiv bei dem Vorgang. Es bedarf daher auch nicht der

---

*) Nach Virchow's Angabe ist das indurirte Gewebe unelastisch. Heschl dagegen, sowie Isambert und Robin sprechen von Vermehrung der Elasticität. Das Wahre ist wohl, dass weder Verminderung noch Vermehrung der Elasticität vorhanden ist, sondern nur die elastische Zusammenziehung durch die Füllung der Alveolen mechanisch verhindert ist.

Annahme neuer hinzutretender Reizungen, um das Zustandekommen der Affection zu erklären. Kommen aber solche Reizungen hinzu, so entwickeln sich die schon erwähnten wahren pneumonischen Infiltrationen, oder, da hier der hämorrhagische Charakter meist vorwiegt, die hämorrhagischen Infarkte. In diesen findet man die Alveolen ausgefüllt mit theils homogenen fibrinösen, theils feinkörnigen Massen, welche neben grossen Mengen von Blutkörperchen auch zahlreiche Pigmentzellen und ungefärbte Epithelien, die hier zum Theil in fettiger Degeneration begriffen sind, einschliessen.

Das, wie oben erwähnt, bisweilen in den condensirten Lungen vorkommende partielle Emphysem kann wohl mit Recht als supplementäre Erweiterung einzelner von der Verdichtung frei gebliebener Alveolengruppen in Folge der ausgedehnten Verdichtung des übrigen Parenchyms aufgefasst werden.

Ich habe für die Affection den Namen Lungen-Condensation vorgeschlagen und möchte sie nun, mit Bezug auf die erörterte Entstehungsweise als katarrhalische Condensation bezeichnen. Es leitet mich hierbei nicht die Sucht nach einem neuen Namen, sondern das hier wirklich vorliegende Bedürfniss. Man hat sich bisher ebensowenig über den Namen, als über das Wesen der Affection einigen können. Der Name Hypertrophie beruht auf einer, wie wir gesehen haben, irrigen Auffassung von dem Wesen der Veränderung und muss deshalb verlassen werden. Aber auch der Name Pigmentinduration scheint mir nicht passend. Denn einmal ist das Pigment nicht die hauptsächliche Ursache der Verdichtung (obwohl die zahlreichen und grossen Pigmentzellen etwas dazu beitragen); und dann wird das Gewebe wohl dichter, aber doch nie eigentlich hart. Auch ist der Name Induration mit viel grösserem Recht schon für ganz heterogene Zustände, bei welchen das Lungengewebe in wirklich harte, compacte, schwielige Massen umgewandelt wird, verwandt. Und die Vereinigung so verschiedenartiger Zustände unter gleicher Bezeichnung kann dem Verständniss nur hinderlich sein. Isambert und Robin, welche ebenfalls mit beiden Namen nicht einverstanden sind, haben den Namen Carnification congestive vorgeschlagen. Aber der Name Carnification wird auch schon für sehr verschiedenartige Zustände, und zwar häufig in sehr wenig exacter Weise gebraucht; auch ist der Vergleich des verdichteten Lungengewebes mit dem Muskelfleisch, wovon der Name hergeleitet ist, ein sehr wenig treffender; und da auch in der Congestion nicht das Wesen der Veränderung liegt, so kann ich auch diesen Namen nicht für geeignet halten. Der von mir gewählte Name hat den Vorzug, nicht schon für andere Zustände verbraucht zu sein und sich an die wesentlichste Eigenthümlichkeit der Affection, die Verdichtung des Gewebes, zu halten.

Die pathologische Bedeutung der Lungencondensation ist in Bezug auf die Erklärung der respiratorischen Störungen der Herzkranken offenbar eine sehr erhebliche. Die durch sie bedingte Verkleinerung der respirirenden Fläche müssen wir neben den venösen Stauungen in der Lunge als die wichtigste anatomische Grundlage besonders der mehr anhaltenden dyspnoischen Zustände der Herzkranken ansehen. Die Diagnose des Zustandes im Leben ist daher ein Gegenstand von grosser praktischer Wichtigkeit. Wir besitzen in dieser Beziehung bis jetzt blos die Angaben Bamberger's (a. a. O.). Derselbe fand in solchen Fällen gewöhnlich eine auffallend und gleichmässig verringerte Resonanz am ganzen Thorax bei fortbestehendem vesiculärem, nur von den Charakteren des Catarrhs begleiteten Respirationsgeräusch, während der schleimige, öfters blutige Auswurf manchmal grosse Pigmentzellen in beträchtlicher Anzahl enthielt. In der That entsprechen diese Erscheinungen ganz dem, was man nach dem beschriebenen anatomischen Verhalten bei mässigen Graden des Zustandes erwarten musste. Bei den höchsten Graden, wenn grössere Parthieen des Gewebes luftleer geworden sind, lässt sich voraussetzen, dass die Dämpfung des Percussionsschalls noch bedeutender wird und das Respirationsgeräusch den bronchialen Charakter annimmt, wo dann eine diagnostische Unterscheidung des Zustandes von pneumonischen Infiltrationen nur mit Berücksichtigung der ganz schleichenden Entwickelung des ersteren möglich sein dürfte. Dies ist der weiteren klinischen Prüfung anheimzugeben, wobei ich noch darauf aufmerksam machen möchte, dass es von besonderem Interesse sein würde, das zeitliche Verhältniss der Entwickelung jener physikalischen Erscheinungen zu dem Auftreten dyspnoischer Anfälle zu ermitteln, da sich, wenn meine Theorie der Erkrankung richtig ist, eine schnellere Steigerung jener Erscheinungen in Folge solcher Anfälle vermuthen lässt.

Dass im Verlaufe der Erkrankung auch Besserungen des Zustandes durch Entleerung der die Alveolen füllenden Zellenmassen, vielleicht auch durch theilweise Resorption eintreten können, ist an sich nicht unwahrscheinlich. Doch werden sie bei fortdauernder Ursache immer nur vorübergehend sein. Und so wird freilich auch die Therapie aus der nähern Kenntniss dieses Zustandes nur den Gewinn ziehen, dass sie von einer neuen Seite auf ohnehin schon anerkannte Regeln hingewiesen wird, auf die Bekämpfung der Bronchialkatarrhe, und die möglichste Verhütung dyspnoischer Anfälle, und dass die Unterscheidung der katarrhalischen Condensation von pneumonischen Infiltrationen möglicher Weise vor unzeitigen antiphlogistischen Eingriffen bewahren kann.

Die Häufigkeit der Lungencondensation bei Herzkranken ist eine sehr grosse. Unter 34 von mir secirten Fällen von chronischer Herzkrankheit, welche ich in dieser Beziehung analysirt habe, fand sie sich in 17, also gerade in der Hälfte der Fälle, wobei noch zu bedenken, dass die Anfänge der Affection nur mikroskopisch nachweisbar sind, dass ich hier aber blos die Fälle gezählt habe, in welchen dieselbe schon bei der Section sich deutlich nachweisen liess. Noch häufiger sind die hämorrhagischen Infarkte der Lunge, welche in 19 Fällen vorhanden waren.*)

Was den Einfluss der verschiedenen Klappenfehler auf Entwickelung der Lungencondensation betrifft, so zeigt sich dieselbe, wie schon Virchow angegeben, bei weitem am häufigsten bei den Stenosen der Mitralis, vorzüglich aber, wenn diese mit Insufficienz der Klappe oder Fehlern am Aortenostium combinirt ist. Bei 10 Fällen solcher combinirter Mitralstenosen war die Affection stets vorhanden, während sie in 4 Fällen reiner Mitralstenosen 2 Mal fehlte. Am wenigsten Einfluss scheint darauf die blose Insufficienz der Aortenklappen zu haben, da sich in 11 solchen Fällen die Lungencondensation nur einmal fand.

Ein Einfluss des Geschlechts macht sich nicht bemerklich. Unter jenen 34 Fällen von Herzkrankheiten betrafen 21 männliche Individuen; von diesen waren 10 mit,

---

*) An Häufigkeit am nächsten steht diesen Veränderungen der Lungen unter den localen Folgezuständen der Herzkrankheiten die atrophische Muskatnussleber, die ich unter jenen 31 Fällen 14 Mal fand.

11 ohne Lungencondensation, während bei den 13 weiblichen die Affection 7 Mal gefunden und 6 Mal vermisst ward. Sehr auffällig dagegen ist der Einfluss des Alters. Bei 33 Fällen, in welchen das Alter notirt ist, zeigen sich folgende Verhältnisse:

Alter:	mit Lungen-condensation :	ohne Lungencondensation:	Summa:
19 Jahr.	1	—	1
20—30 „	7	2	9
30—40 „	4	—	4
40—50 „	2	5	7
50—60 „	2	4	6
60—70 „	—	4	4
70—80 „	—	2	2
Summa	16	17	33

Hiernach erscheint das jugendliche Alter in weit höherem Grade zur Lungencondensation disponirt, als das spätere. Denn in 14 Fällen aus dem Alter von 19—40 Jahren fehlt diese Affection nur 2 Mal, während sie in 19 Fällen aus dem Alter von 40—80 Jahren nur 4 Mal vorhanden ist. Indessen erklärt sich dies hauptsächlich dadurch, dass, wie bekannt, im höheren Alter die Fehler an der Aortenmündung über die der Mitralklappe überwiegen. Denn unter jenen 19 Fällen waren nur 4 von Mitralstenose und von diesen waren 2 mit Lungencondensation combinirt. Vielleicht mögen aber auch im höheren Alter in Folge der dann schon öfter vorhandenen Atrophie der Lungen mit Erweiterung der Alveolen höhere Grade der Verdichtung weniger leicht zu Stande kommen.

Es wäre endlich noch die Frage aufzuwerfen, ob sich gleiche Zustände nicht auch noch unter anderen Umständen entwickeln, als bei Herzkranken? Isambert und Robin beschreiben einen Fall von einseitiger Lungentuberculose, bei welchem sich in der andern Lunge verdichtete Parthieen von derselben Beschaffenheit, wie bei Herzkranken fanden. Dass der von mir geschilderte Vorgang der Verdichtung des Lungengewebes auch bei anderen Erkrankungsformen concurrirt, erscheint nicht unwahrscheinlich. Doch bedarf dies erst weiterer Untersuchung.

V.
FETT-EMBOLIE DER LUNGENCAPILLAREN.

Bei meinen Untersuchungen über das Verhalten der Lungencapillaren bin ich auf einen auf den ersten Anblick sehr sonderbaren Befund gestossen, der hier eine Stelle finden möge, da er, wenn auch ohne grössere praktische Bedeutung, doch als ein von der Natur angestelltes pathologisches Experiment einiges Interesse bietet.

Ich untersuchte nämlich, um mich an einer ganz gesunden Lunge von dem Verhalten der Capillaren zu überzeugen, die Lunge eines gesunden kräftigen Mannes (Eisenbahnarbeiters), welcher zwischen die Puffer der Eisenbahnwaggons gerathen und in

Folge der enormen inneren Verletzungen sofort gestorben war. Die im Ganzen mässig blutreichen Lungen zeigten doch stellenweise einen grösseren Blutgehalt, als man nach den bei der Section vorgefundenen enormen inneren Blutergüssen hätte erwarten sollen. Bei der Untersuchung feiner Durchschnitte aus solchen Stellen, fielen auf mehreren Präparaten eigenthümliche aus lang ausgezogenen grossen Fetttropfen bestehende Streifen, ja selbst netzförmige Zeichnungen auf. Man konnte sich leicht überzeugen, dass das Fett in den Capillaren lag. Wenn schon die Form der Zeichnungen, die Breite der Streifen dafür sprach, so wurde es dadurch über allen Zweifel erhoben, dass der übrige Theil der Capillaren zum Theil sehr vollständig mit Blut injicirt war, so dass die Fetttropfen nur in die Blutsäule eingeschaltet erschienen (s. Fig. 1. rechts oben). Schien dieser Befund im ersten Augenblick in der That seltsam, da es schwer zu begreifen schien, wie das Fett in so grossen Tropfen in die Circulation gekommen, zumal bei einem ganz gesunden, durch ein plötzliches Ereigniss dahingerafften Manne, so wurde er doch durch einen Blick auf den übrigen Sectionsbefund völlig aufgeklärt.

Die Verletzungen betrafen nämlich, abgesehen von einer beträchtlichen Zerreissung der Muskeln des linken Unterschenkels mit bedeutendem Bluterguss und mehreren rechtsseitigen Rippenfracturen, hauptsächlich die Organe des Unterleibes. Die Höhle desselben enthielt besonders im rechten Hypochondrium und im kleinen Becken eine grosse Menge flüssigen Blutes. Die Leber zeigte einen durch die ganze Dicke und Höhe des rechten Lappens gehenden, unten am ligamentum suspensorium beginnenden und von da schräg nach dem rechten oberen Ende des Lappens aufsteigenden Riss, durch welchen der ganze Lappen völlig in zwei Hälften getheilt ist, die nur am oberen Ende noch durch etwas Lebersubstanz zusammenhängen. Die ganze den Riss begrenzende Parthie der Lebersubstanz ist ganz unregelmässig zerklüftet, in eine Menge einzelner Klumpen zerfallen, die zum Theil nur noch durch dünne Gefässstränge mit dem übrigen Parenchym zusammenhängen und von geronnenem Blut durchsetzt sind. Zahlreiche Mündungen quer durchrissener Lebervenenäste zeigen sich auf der Rissfläche klaffend. Zu beiden Seiten dieses grossen Risses finden sich noch mehrere lange mehr oberflächliche Einrisse. Der linke Lappen war unversehrt. Die Leber war dabei im Ganzen gross, dick, ihre Substanz sehr blass, grauröthlich, mürbe, ziemlich stark fetthaltig. Ausserdem war aber, als ein sehr seltener Befund, der Magen gerade am Pylorus völlig in seiner ganzen Circumferenz durchgerissen, so dass die beiden, etwas unregelmässig zackigen Rissränder ziemlich weit von einander entfernt lagen. Die Magenschleimhaut war mit einigen Speiseresten belegt. Nach diesem Befund lässt sich annehmen, dass bei der gewaltsamen Zerreissung etwas von dem Mageninhalte in die weit klaffenden Mündungen der durchrissenen Lebervenenäste hineingeschleudert wurde, oder bei dem Hinstürzen des Verletzten geradezu hineinfloss, von hier aber mit dem aus der unversehrten unteren Hohlvene noch zuströmenden Blute in's rechte Herz geführt wurde, von wo es die wenigen noch stattfindenden Herzcontractionen bis in die Lungencapillaren trieben. Hier aber mochte das die engen Capillaren schwerer passirende Fett durch Stauung des Blutes zu der unter den hier obwaltenden Verhältnissen auffälligen starken Injection der Capillaren Veranlassung gegeben haben.

ERKLÄRUNG DER ABBILDUNGEN

Die Abbildungen stellen Durchschnitte von Lungenalveolen mit natürlicher Injection ihrer Capillaren bei etwa 250maliger Vergrösserung (Objectiv 2 + 3 + 4, Ocul. 1.) eines kleinen Schick'schen Mikroskops) dar. Man übersieht einen Theil des Capillarnetzes der Bläschenwand mit zahlreichen am Rande frei vorspringenden Capillarschlingen.

Fig. 1 aus der Lunge eines gesunden, kräftigen Mannes (Eisenbahnarbeiters), der zwischen die Puffer gerathen und in Folge von Leberzerreissung plötzlich gestorben war. Rechts im oberen Theil der Figur sieht man einen in eine Capillare eingekeilten Fetttropfen. (s. pag. 32.)

Fig. 2 aus der Lunge eines an Typhus abdominalis gestorbenen 23jährigen Mädchens.

Fig. 3 aus der Lunge eines Herzkranken (hochgradige Stenose des Ostium venosum sinistrum und Insufficienz der Aortenklappen), welche die ausgeprägten Charaktere der Lungencondensation zeigte.

Fig. 1.

Fig. 2.

Fig. 3